くじらびと

題字　山崎秀鷗

目次

第三章　再挑戦

地図（八頁）作成／クリエイティブメッセンジャー
カバーデザイン、地図（七五頁）作成／新井千佳子（MOTHER）

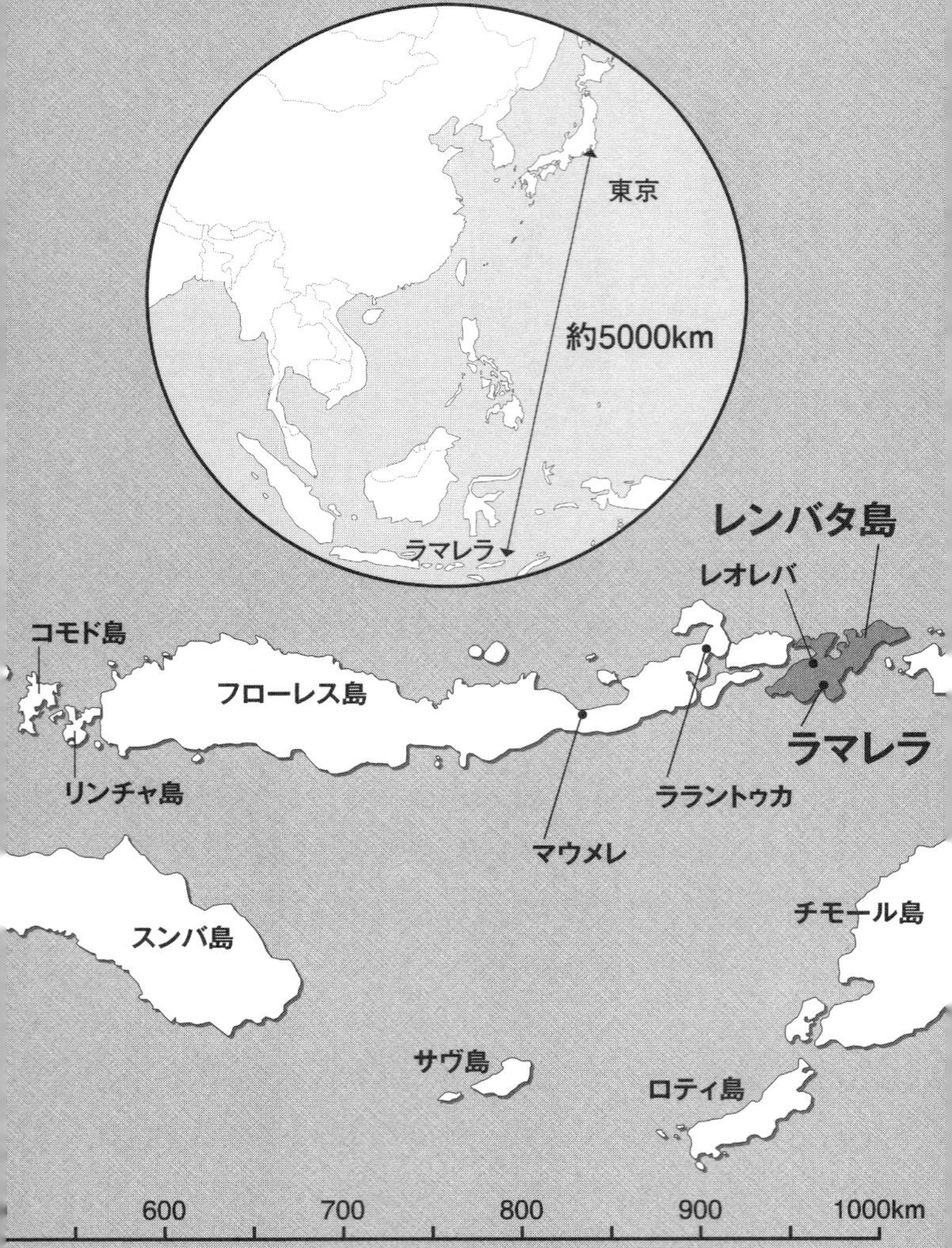
東京
約5000km
ラマレラ
レンバタ島
レオレバ
コモド島
フローレス島
ラマレラ
リンチャ島
ララントゥカ
マウメレ
チモール島
スンバ島
サヴ島
ロティ島
600
700
800
900
1000km

地図　レンバタ島ラマレラの位置

【ラマレラへの行き方】

バリ島のデンパサールから空路でフローレス島のマウメレへ（およそ3時間）。

マウメレからはバスで島の東端ララントゥカへ移動（4〜5時間程度）。

ララントゥカからは朝8時にレンバタ島レオレバ行きの定期船がある。

毎週月曜日にレオレバからラマレラ行きの船が深夜に出航（5時間程度）あるいは、ララントゥカから週1便、ラマレラ直行の定期船もある。

（1997年当時）

※2010 年現在、レオレバ――ラマレラ行きの定期船はどれも廃止されている。レオレバ――ラマレラ間の道路が開通したからだ。レオレバまでは上記のルートで行き、昼12時発のラマレラ行きの乗り合いバスを利用することになる（4時間程度）。ルート上の交通機関がオンタイムで運行されているなど、運がよければ日本を出発して最短3日で現地に到着可能。

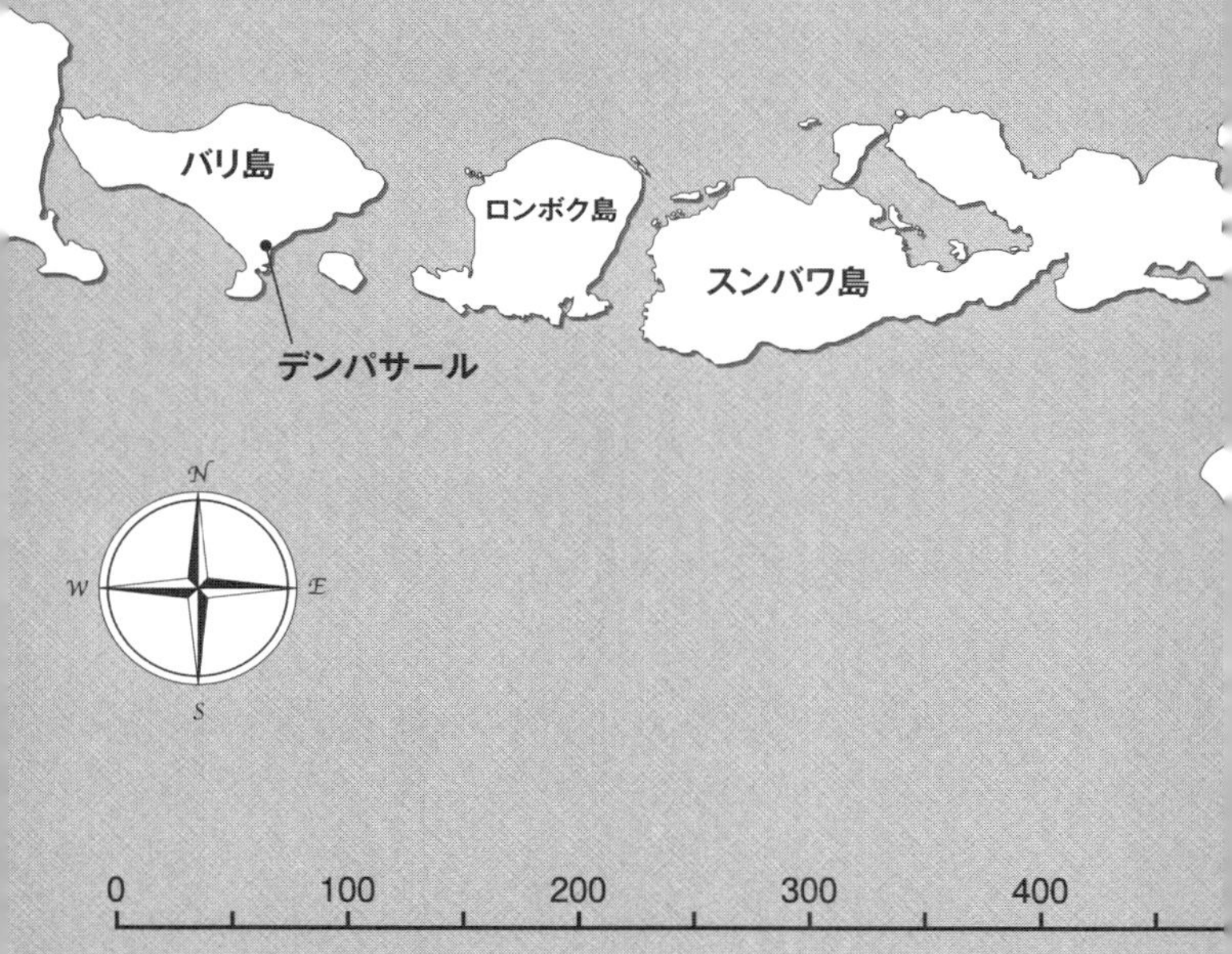

これは鯨人《くじらびと》に魅せられた写真家石川梵が、一九年にわたり、
伝統捕鯨の村、ラマレラと関わった記録である。

プロローグ

二頭のマッコウクジラは、巨大な頭に詰め込まれた脳油を温めるために、毛細血管に大量の血液を流し込んだ。深海で高密度になっていた二〇〇〇リットルもの脳油が溶けるにつれ、軍艦のような頭が上を向き、果てしない闇《やみ》の中を加速しながら急上昇していく。水面下二〇〇メートルまで上昇すると、水の色が黒から深いブルーに変わり、上方には光が白く滲《にじ》み始めた。やがて白い光芒《こうぼう》が光の柱となり、スポットライトを浴びた黒い大きな影はゆっくりと光の方向へ昇っていく。碧々《あおあお》とした赤道の海が、一カ所だけ盛り上がり、弾け、黒い巨体が轟音《ごうおん》を上げながら躍り出た。

軍艦のような頭を海上に出し、波を切る二頭の鯨。流れに身を任せ、潮を噴き上げながら、空になった肺に空気を送り込む。静かな海原に大河を渡るバッファローのように鼻を震わせながら、潮を噴く音だけが響き渡る。

悠々と水を切るその鯨の背後に帆をはためかせ、忍び寄る影があった。ラマレラ村の銛打《もりう》ち船だ。

帆船は椰子《やし》の葉で編んだ帆をすばやく下ろすと、鯨の背後から、手漕ぎで追跡を始めた。全長一〇メートルの木造船が滑るように海上を走る。鯨との距離がみるみるうちに詰まっていく。船の中では櫂《かい》を漕ぐ褐色の逞《たくま》しい肉体がリズミカルに躍動している。飛沫《ひまつ》が跳ね上がり、それが海面に落ちる前に次の櫂が勢いよく海面に滑り込んでいく。

船の舳先《へさき》には獲物を狙《ねら》うハンターのシルエットがあった。黒い人影は息を殺しながら銛竿《もりざお》を掲げ、タイミングを計っている。その竿の先には鎌ほどもある大きな銛が嵌《はま》っていた。

鯨の行く手に回り込もうとする帆船。何も知らない鯨。双方がくの字形に一瞬交錯した。気合いの雄叫びを上げ、跳躍する銛打ち。無視するかのように超然と波濤《はとう》を切る鯨。その尾ビレの付け根付近の動脈をめがけ、銛をしならせて銛打ちが襲いかかる。豹《ひょう》のように跳んだ男の影が巨影に呑《の》まれる。と、一瞬間《ま》をおいて、鯨の姿が海中に消え、続いて四メートルはある黒い尾ビレが宙を舞った。はじき跳ばされるように海中に消える銛打ちの影。

潜った鯨のあとを追うように銛綱がどんどん海中へ引き込まれていく。舳先で大蛇のようにとぐろを巻いていた銛綱がこまのように回転する。船の上は蜂《はち》の巣をつついたような騒ぎだ。懸命に銛綱をたぐり出すもの。次の銛を用意するもの。そして海中から船内に倒れ込むようにして戻る銛打ち。三〇メートルほどの銛綱の最後の一束が海中へ飛び込み、ピンと伸びきる。

次の瞬間、船が大きくかしぎ、今度は猛烈なスピードで走り始めた。鯨に引かれ、銛打ち船が木の葉のように海上を舞っている。海水が怒濤《どとう》のように船に流れ込む。船にしがみついて次の衝撃に備える男たち。

私はその様子をファインダー越しに捉《とら》えながら、続けざまにシャッターを切っていた。遠ざかっていく鯨に遅れをとらないように、大声を張り上げる。自分を乗せた五メートルほどのオンボロエンジンボートが、うなりながらあとを追う。波に跳ね上げられるたびにボートは宙を跳び、ファインダーの中は海から空の景色に変わる。舳先に立ったまま撮影している私は何度もひっくり返っていた。そのたびに跳ね起きて、またカメラを構える。このチャンスを逃すわけにはいかない。もう四年もひたすらこの時を待っていたのだ。

ファインダーの中で、もう一度鯨の尾が宙を舞った。銛打ち船が頭から波の中へ突っ込んでいく。巨大な哺乳《ほにゅう》類は全長一〇メートルの木造船を今にも海中に引き込もうとしていた。私は足下に転がった黄色いエアタンクに目をやる。いよいよその時が来ようとしていると思うと、武者震いがとまらない。

思い出すまいとしても、深海から湧《わ》き出る大粒の泡が海面で弾けるように、これまでのさまざまな出来事が脳裏に蘇《よみがえ》ってきた。感慨に浸っているひまはない。自分に言い聞かせながら、フォーカスリングを回す。心を落ち着かせようと、片膝《かたひざ》をついて、ＢＣ（浮力調整具）にエアーを送る。しかし、ゲージのガラスに映り込むのは、気が遠くなるほど長い待ち時間に起こった出来事だ。フラッシュバックのように、それらが次々と現れては消える。

鯨は海中で逃走を続けている。私は望遠レンズのついたカメラを置き、水中カメラに持ち換えた。いよいよ運命の瞬間が来た。

マスクをつけ、ＢＣをひったくると、大きく息を吸った。次の瞬間、闘いの喧噪《けんそう》と灼熱《しゃくねつ》の陽射《ひざ》しが嘘《うそ》のようにすっと消え、視界には海中のブルーが、そして耳には自らのあわただしい呼吸音だけがそれに取って代わった。突然、孤独な世界へと突き落とされていく。

第一章　鯨の島へ

噂《うわさ》話一本で巨鯨に挑む伝説の鯨人。私がその噂を初めて聞いたのは、秘境取材のため、一九九一年にインドネシアを旅していた時のことだ。

私は、AFPというフランス通信社のカメラマンを辞し、フリーランスの写真家となって、念願だった辺境の民の撮影を始めていた。事象の表層を追うニュースよりも、じっくりと人間を見つめるドキュメンタリーをやりたかったからだ。幸い月刊雑誌で冒険風の企画が通り、ニューギニア島、インドネシア領イリアンジャヤ州、アスマット地方のカニバリズムを取材していた。

現地入りした私は、スワンプ（沼地）の上に建てられた薄暗い木造の小屋の奥で、ろうそくの炎のもと、行きずりの旅人らとさまざまな話をしていた。

最も旅人たちの興味を誘ったのは、イリアンジャヤの奥地にあるという女ばかりのアマゾネスランドの話だった。女だけで暮らすその部族は、子どもをつくる時期が来ると、男狩りに出かける。たまたまある旅行者がその男狩りに遭遇し、捕らえられたのち監禁された。女たちの目的は種付けだから、檻《おり》からひっぱり出されると、小屋に連れていかれ、何人もの女たちと交わりを持たせられる。そして役目を終えた男たちの運命はただひとつ、死、あるのみ。檻から命からがら脱出した旅行者から人伝てに聞いた実話だという。

旅の話は尽きなかった。荒唐無稽《こうとうむけい》、どう考えても眉唾《まゆつば》としか思えないそんな話が次々と出てくる。それはそれで楽しいのだが、そうした一連の物語のひとつとして、インドネシアの鯨漁の話も出てきた。手製の帆掛け船で巨大なマッコウクジラを追い回し、銛一本で跳びかかり、鯨を突く漁師がいるという。

初めてその話を聞いた時は、まさかという思いが先にたった。鯨の一本突き。有り得ないような漁法だ。確かに日本でも江戸時代まで和歌山の太地《たいじ》などで、同様な漁をしていた。しかし太地でさえ、跳びかかるのではなく、銛は投げていた。ハイテク化が進んだこの時代に、いくらインドネシアが謎《なぞ》の民族の宝庫だとしても、人知れずそんな原始的な漁が行なわれているとはとても思えなかった。

仮に事実だったとしても遠い昔の物語がひとり歩きしているに違いない。そう思いつつも、次から次へと繰り出される旅人たちの百物語に耳を傾けながら、鯨を銛一本で突く、その壮絶であろう光景を思うと心に引っかかるものが残った。

私はそれから、イリアンジャヤの奥地を、荷物持ちの現地人とともに胸まで泥沼に浸かりながら歩いた。喰人種《しょくじん》のルーツを探す取材だった。

三日間イモしか食えず、蛋白質《たんぱくしつ》に飢えていた私たちは、たまたま通りがかった狩人からクスクスという小動物の獲物を分けてもらった。狩人はペニスにヘチマの筒を通していただけの全裸だ。ただそれは別に珍しいことではなかった。私のポーターたちも同じような格好をしていたからだ。その時、目に止まったのはそれよりも狩人の持っていた矢だった。矢には飛行方向を正確にする羽根がついてなかった。早い話が尖《とが》ったただの棒なのだ。

三晩かけてやっと獲物を一匹手に入れた狩人。大変な苦労をして猟をしているのに、この人たちは矢に羽根をつけることも知らない。人間の知恵がそこまで達していない。羽根をつけるだけで、何倍もの正確さで獲物を仕留めることができるのに。

男の黒い手に握られた矢を何気なく眺めた。その時あらためて頭を過《よぎ》ったのが鯨人の伝説だった。

銛一本で鯨を突く。もしかしたら、有り得ないことではないのかもしれない。そもそもこのカニバリズムの取材に関しても出発前の日本での編集者の意見は懐疑的だった。ニューギニアに喰人種を求めて、取材に行く。かつてロックフェラーの息子が行方不明になった現場を検証する。どう説明しても馬鹿げた思いつきだと友人にすら笑われた。

しかし現実にそこを訪れ、カヌーで川を遡《さかのぼ》り、奥地に分け入ると、イリアンの奥地には未発見の喰人習慣の民族がいること、カニバリズムがつい最近まで、ガイドをしてくれた民族の間で習慣となっていたことまで分かった。

アスマット地方の最奥部で、木の上で生活するコロアイ族と数日をともにし、石器時代そのままの、いや、ある意味でそれ以前の生活をする人々が現実にいることを確認することができた。取材は成功し、この雑誌連載は話題になった。

情報化社会の今、世界に秘境はもうないと言われる。しかしアマゾンの環境破壊が問題になる時代でも、世界のどこかに未知なる世界が残っていることを私は知っている。人は人の存在さえ、まだよく摑《つか》めていないのだ。

枯れ木が音をたてて弾ける。毛を剃《は》いだ黒いクスクスが炎にあぶられる。鼻に豚の牙《きば》を通した男が喉を鳴らしてそれをじっと眺めている。その男の腰に下がった羽根すらついてない一本の矢。私の心はいつしか南太平洋のその小さな島へ飛んでいく。ぶつ切りにしたクスクスを頰張りながら、その一本の矢が、あることを語りかけてくるように思えた。

もしかしたら。

太陽の土地

青い太平洋の海原が広がる。浸食され切り立った岸壁に波が砕け散る。強い潮流を避けて岸沿いを行く定期船の甲板で目を覚ました私は、ひょっとして鯨が見えないかと、海を眺めていた。伝説の鯨人の島へ向かうため、とにかく行ってみることにしたのだ。羽根のない矢を使う民がいるなら、銛一本で鯨を突く民がいてもおかしくない。

ところで、インドネシアは赤道をまたぎ、一万七五〇〇ほどの大小さまざまな島からなる人口二億を超える海の大国である。

鯨人の島へは、地図上ではバリ島からティモール島へと連なる小スンダ列島の島々を飛び石を跳ぶように超えていくことになる。ロンボク、スンバワ、コモド、リンチャ、フローレス、アドナラ、ソロールなどの大きな島々をジャンプすると、レンバタという島に着地する。もちろん実際に行くのはそう簡単ではない、バリ島から何度も飛行機やバス、船を乗り継いでいく。

レンバタ島の大きさは南北八〇キロ、東西三〇キロほどで、その面積は一二六六平方キロだ。だいたい沖縄本島ほどの面積と思えば分かりやすい。行政区画で言えば、東ヌサテンガラ州に属し、この地域の五五六にも及ぶ島々のひとつだ。

鯨人が住むというラマレラ村はこのレンバタ島の南端に位置し、フローレス島のラントゥカから週一便、レンバタ島の反対側にあたる北側の町レオレバから週一便の船が出ている。私はそのレオレバから出る船に乗っていた。鯨人の島の真偽は多くのインドネシア人に尋ねたけれど、なかなか分からなかった。ただ、これまで聞いた何人かの旅人の話から見当をつけ、島伝いにここまで辿《たど》り着いたのだ。

月曜日の深夜にレオレバを出た定期船は一晩中かけて、レンバタ島沿いを走っていた。いや蝸牛《かたつむり》のようにのろのろと進んでいた。定期船と言っても名ばかりで、漁船を改造した全長一五メートルくらいのオンボロ船である。

甲板には、買い出しや里帰りの地元の人たちが雑魚寝をしていた。赤道直下とは言え、夜の甲板に吹きつける風は冷たく、水しぶきも飛んでくる。夜明けを告げる鶏の声で目覚めた私は、のびをしながら節々が痛む体を持ち上げた。

見渡すと、船の外にはもう青い海原が広がっていた。海だけはどこへ行っても、いつも変わらず、同じ光景が広がる。伊豆の海も、ニューギニアの海も、そして、このレンバタの海も、続いているひとつの海だということが妙に不思議に感じられる。それはたぶん、この海には鯨がいるからだろう。海から生き物の生臭さが漂ってくる気がする。ひょっとしたら鯨が見えるのではないかと、そんなことを思いながら、目を凝らした。

島にはほとんど集落が見えなかったが、しばらく行くと一〇ほどの椰子葺《ぶ》きの家が点在している入り江近くに差し掛かり、船が停まった。すると、浜から三艘《そう》のカヌーが近づいてきた。裸の少年がカヌーを漕いでいる。船に寄せると、乗客が少年に荷物を投げる。カヌーにはアウトリガーがついており、転覆する恐れはない。続いて、乗客がお尻からカヌーに着地する。少年たちは勢いよく浜へ向かって漕ぎ出す。カヌーが浜と船の間を何度か行き来し、乗客と荷物と若干の家畜を降ろすと、船はまた航行を続ける。

「定期船は各地を経由してからラマレラへ向かうんだよ」

と、山羊《やぎ》を連れたおばさんが教えてくれた。地元の人たちにとって船はとても重要な、いや唯一の交通機関だ。

集落を過ぎると、切り立った岸壁が現れた。浸食されてレンガ色の岩肌がうねるような層を形成している。その下には奇岩、怪石が散在する。島に平地は見えず、常緑樹が生い茂る丘陵がどこまでも広がる。そして白波が砕ける岸壁を縫うようにして船は行く。まるで地の果てに、いや海の果てに向かって航海する気分だ。

「その岬を越えると、ラマレラだよ」

とおばさん。ラマレラとはどういう意味ですか、とおばさんに尋ねてみた。

「ラマは土地、レラは太陽だよ」

土地、太陽。土地の太陽。いや太陽の土地。何と素晴らしい名前だろう。

岬の肩越しには朝日が高く昇っている。手をかざし、陽射しを遮り、岬を見つめた。オンボロ船はついに岬を越え、太陽の土地、ラマレラへ到着しようとしていた。

第二章　鯨漁に挑戦

ラマレラへ到着

岬を越えると、青い珊瑚礁《さんごしょう》をたたえた三〇〇メートルほどの入り江が広がっていた。背後にはレンバタ島一の高峰、標高一六四三メートルのラバルカン山が聳《そび》えている。ロンタール椰子が生い茂る斜面は緑で覆われ、沿岸には藁葺《わらぶ》きやねずみ色をしたトタン屋根の集落が広がる。麓《ふもと》にある浜には椰子の葉で葺いた船小屋が二〇近く並び、黒い砂浜には大勢の人影も見えた。ラマレラ村に着いたのだ。

船はエンジンの回転数を落とし、岸から離れて停泊した。定期船に気づいたのだろう、人影が浜から小舟を滑らせてくる。見下ろすとコバルトブルーの珊瑚礁に熱帯魚が泳いでいた。透明な海にただよう波紋が光を映して揺れている。

やがて、小舟に乗った半裸の男たちが近づいてきた。海面に反射する朝日を受けて、黒く逞しい若者の上半身がきらきらと光っている。男たちは荷物の積み込みを始め、まず米や鶏が手渡され、次に女たちが乗り込んだ。一度に三人しか運べない小舟が何度も岸と船の間を往復する。

一段落したところで撮影機材を降ろすと、私も小舟に乗り込んだ。そばで見ると櫂を手にしているのは一〇代半ばの、若者と言うより少年という感じの男の子だった。どんぐりのような黒く大きい目をした少年は白い歯をこぼして笑うと、浜に向かって一心に櫂を漕ぎ始めた。黒く焼けた少年の胸には白い十字架が光っている。尋ねると、鯨の歯で作ったのだという。

波は高くないが、水面は舟の縁《へり》ぎりぎりの高さだ。小舟は幅六〇センチ、長さ一メートル五〇ほどしかなく、こちらはアウトリガーもついてないのでひどく不安定だ。もし浸水、沈没するようなことがあれば、撮影機材がすべてお釈迦《しゃか》になる。ニューギニアでのカヌーの体験を思い出して、私も重心を低くして舟のバランスをとる。ひどく長く感じられる岸までの五〇メートルが終わると、浜辺の漁師たちが腰のサロン（スカート状の腰布）をはだけ、太腿《ふともも》まで水に浸かりながら、私の荷物を浜まで運んでくれた。

砂地の浜へ上がると、そこここで、村人たちの再会を喜ぶ声が上がっている。どの顔も日に焼け、彫りが深く、海の男らしい風貌《ふうぼう》をしている。巻き毛が多いのは、ニューギニアの人種圏に近いせいだろうか。鼻が低く平板な顔立ちが多いジャワ島など西の文化圏の人々とはちょっと違う感じがする。やはり浅黒く、スリムな女たちは喜びを分かち合うのもそこそこに、米袋やサロンに包んだ荷物を頭に載せて、それぞれの家路に着こうとしている。

私はさっそく浜に並んだ船小屋の方へ行ってみた。椰子の葉で葺いた屋根の下には、全長一〇メートル、幅二メートルほどの木造船がずらりと並んでいた。これがあの銛打ち船らしい。約二〇の船体ひとつひとつに目が描かれ、船の上には椰子の葉で編んだ帆が束ねられ、大切なものを守るかのように覆っていた。

その中に一艘、船底からふたつに割れている船があるのに気がついた。尋ねると、居合わせた漁師が人目をはばかるようにそのわけを囁《ささや》いてくれた。

「鯨にやられた。下から突き上げられたんだ。その日は三頭も捕れた。しかし怒った群れの仲間が逆襲してきたんだ。この船は修理しなければならない」

浜の家々の軒先には鯨の脂身が干してあり、独特の強烈な臭いがぷんと漂っていた。また、砂浜の東端にあるレンガ造りの家の前にはまるで生け垣のように巨大な白い骨が並べられていた。鯨の頭骨だ。噂はやはり嘘ではなかった。彼らは今でも手銛で鯨を捕っている。それもエンジンもついていない帆立て船で。私はうれしくて、小躍りしたい気分になるとともに、これからの撮影を思うと身が引き締まる気がした。

ところで鯨漁の村、ラマレラは人口二〇〇〇人足らずの小さな村だ。奥行き二、三〇メートルほどの砂浜の奥には船小屋が並び、その裏の石垣を登ると、緩い斜面になっており、トタン葺きにレンガ造りの集落が広がる。集落の上はかなりの勾配で、椰子の木をはじめ熱帯特有の広葉樹が広がり、緑に覆われている。この斜面の上方にはラママヌと呼ばれる集落があり、山の民と呼ばれる人々が住んでいるという。海の民であるラマレラの集落は、東西三キロほどにわたり海岸沿いに散在していた。

私は船の中で知り合ったアベルという商人の経営するロスメン（民宿）でやっかいになることにした。アベルはクルルスという船の持ち主でもあり、その氏族の長《おさ》でもあった。ラマレラにロスメンがあることは意外だったが、入ってみるとガランとした部屋に壊れかけた木のベッドがあるだけで、トイレも家族と共有というとても素朴な宿だった。

私は宿に荷物を置くと、さっそく村を歩き回った。村には一本の舗装されてない幹線道があり、その道を隔てて、浜側と山側に集落がある。平らな土地は僅《わず》かで、岩を並べた石の階段を登ると、奥にも集落が広がっていた。豚の鳴き声がけたたましく、鶏が走り回り、痩《や》せた犬が寝そべっていた。石段で、プラスチック製の大きなバケツを頭に載せた女とすれ違う。女は目だけ動かして「スラマトパギ（おはよう）」、「ミスター」と微笑《ほほえ》んだ。バケツの中にはなみなみと水が汲《く》まれていた。ラマレラではまだ水道が通っておらず、山から引いた湧き水を集める三カ所の水場へ行って、それぞれの家へ持ち帰っている。商店と言えるものは、アベル家の前の小さなキオスクだけで、店の木の窓を開けると、薄暗い部屋の棚に石鹼《せっけん》などの日用品やお菓子が置いてあった。品揃《しなぞろ》えは僅かなようだ。

村のインフラはとてもシンプルで、水道もなければガスもない。調理には山で集めた薪の火を使っていた。夜になると、村人は鯨の脂でランプを灯《とも》し、暗い夜を過ごしていた。電気も来ていないのだ。岬の東側には塩田が広がり、海水を煮詰め、塩を造っていた。今までさまざまなインドネシアの辺境の村を訪れたが、これだけの集落の規模がありながら、これほどまで素朴な生活をしている村を見るのは初めてだった。

初めての出漁

夜明け前、朝靄《あさもや》の煙る路地を漁師たちが浜へ向かう。ほとんどが、ボロボロのTシャツを身につけるか、上半身裸で腰に布を巻いただけの軽装だ。釣り糸や巻き煙草《たばこ》を腰から下げ、裸足のまま小路を降りていく。浜に出ると、彼らは砂浜に腰掛け、海をじっと見ていた。潮流と風の具合を計っているらしい。どの顔も色黒で、鼻も高く、皺《しわ》も深い。一般のインドネシア人より大柄で、贅肉《ぜいにく》の全くない筋肉質の上半身が細い足と比べるとアンバランスに見える。

白んでいく海を眺めていた漁師たちは、夜明けとともに水平線が赤く染まり始めると、ゆっくりと立ち上がり、長さ一メートルほどの丸太を砂浜に並べ始めた。船を滑らせるためのコロだ。それを機に、続々と漁師たちが浜へ降りてきた。風も潮も問題ないらしい。波が高過ぎると危険なため、出漁を見合わせると聞いていた。コロは、今日、出漁するという合図でもあった。

男たちは一二、三人が一組となり持ち船に集う。額に右手を当て、両手を合わせる。漁の無事を祈ると、ゆっくりと十字を切った。

続いて、船を押す漁師たちの掛け声が浜に響き渡った。船は、軋《きし》みながら、コロの上を滑っていく。漁師たちは声を合わせて間合いを計り、数歩進むごとに休む。そのたびに苦しそうに肩で息をしている。

一〇メートルもの船を手で押す場面を初めて見た。私もそばに駆け寄り、一緒に押してみた。肩に重みが食い込み、踏ん張る足が砂にめり込んだ。かなりの力仕事だ。漁師たちはにこりともしないが、やめろとも言わない。

小休止を三、四度繰り返したのち、船がやっと波うち際に辿り着く。ここで年配の漁師の一人が私を見て、船に向かって白い髭面《ひげづら》の顎《あご》をしゃくった。乗れ、ということらしい。

喜んで足下の機材を乗せ、銛打ち船の上へ跳び乗る。船の真ん中には畳んだ帆が横倒しになり、銛を装着したままの銛綱が並んでおり、足の置き場もない。漁師たちはまだ乗り込まず、砂浜で船に体を預けている。しばらく波との呼吸を計ると、一気に船を出した。

船が水面を勢いよく滑り出すと、漁師たちが一斉に跳び乗る。ラマレラの海岸は、ごつごつした岩と珊瑚礁の浅瀬だ。ぼやぼやしていると岩に船底をぶつけてしまう。男たちはてきぱきとそれぞれの持ち場に着き、掛け声を合わせて沖へ漕ぎ出す。

銛打ちは竹製の長さ五メートルほどの銛竿を海中に差し入れて突っかい棒のように操り、船をコントロールする。他の漁師たちが手にしているのは、長さ一メートルほどの櫂で、オールと違い、漕ぎ手が進行方向を向いて漕ぐものだ。そして前方の二人だけは、後ろ向きで木製のオールを漕ぐ。漁師たちの逞しい上半身が朝の光を浴びながら、躍動する。ひと掻《か》きするたびに大きな掛け声を上げ、お互いを鼓舞するかのようだ。私も手伝いたかったが、断られてしまう。それぞれの漕ぎ手の間隔が狭いので、うまくリズムを合わせないと前後とぶつかるからしい。

岸から三〇〇メートルくらい離れると、櫂を漕ぐ手が止まった。帆を上げるのだ。まず船の中央に収納していた竹でできた帆柱を立てる。帆柱は二本の竹で構成され、男たちが綱引きの要領で引き上げる。続いて中央に寝かせていた帆が引き出された。帆は一辺三〇センチほどの、ゲワンヤシを正方形に編んだ断片を継ぎ合わせたものだ。掛け声を上げて帆綱を引くと、するすると竹の帆柱を昇っていく。一二艘の帆が朝日に輝きながら翻る。まるで金色の花々が次々と蕾《つぼみ》を開くかのようだ。

見渡すと風をいっぱいに孕《はら》んだ帆を広げ、一二艘の銛打ち船は艦隊を組むように進んでいた。古代絵巻に出てくる水軍のようだ。この銛打ち船は、地元ではプレダンと呼ばれている。プレダンが帆を上げ、出漁するさまは、まさに出陣と言う言葉がふさわしい。

帆を張り、一息ついた漁師たちは、それぞれの役割に専念する。砥石で銛を研ぐ銛打ち。釣り糸を垂れて飛び魚漁の準備をする老人。底板の隙間《すきま》から入る海水を掻き出す少年。足下には銛に連結した五束の銛綱がとぐろを巻く。それぞれ銛の大きさも綱の太さも異なり、狙った獲物に応じて使い分けるという。

最後の銛を研ぎ終わると、男たちは仕事の手を休め、竹で編んだ帽子を取った。十字を切り、漁の安全を願う。その昔、海の神が果たした役目を、今は西洋の神が代行している。祈りを終えた銛打ちは舳先に立った。その足下のハマと呼ばれる足場の木には水色の塗装に白い十字架が彫られていた。

沖へ出たところで、私はあらかじめ手配しておいたエンジンボートに乗り換えた。プレダンのあとから鯨を追う作戦だ。エンジンボートといっても五メートルほどの木製の小舟にヤマハの船外機がついたシンプルなボートだ。地元ではジョンソンと呼ばれている。昔のエンジンの製造会社名が普通名詞に変化したらしい。一五馬力のエンジンは政府から援助として支給されたもので、村に三艘ほどある。プレダンではなく、ジョンソンを使用したのは、どのプレダンが鯨を捕るか予測できないからだ。せっかく鯨が捕れてもその船に居合わせなければどうしようもない。その後も漁船に同乗する時は、常にジョンソンに追走させ、万が一に備えた。

帆船はそれぞれ間隔を空けながら、扇のように広がっていく。絵巻物から抜け出たような風情のプレダンを追っていると、時空を超えて太古の昔へ走っていくような錯覚を覚える。

出漁して三〇分もすると、そばをイルカの群れが横切っていった。この遊び好きな海の哺乳類は、リズミカルに水を切りながら、時おり、きりもみ状に跳び上がって水と戯れる。しかし船上の漁師たちは気にかけるそぶりもない。イルカも獲物のひとつだが、動きがすばしこい上に賢く、めったに銛の射程に入ることがないからだ。ちなみに生物学上イルカも鯨も同じクジラ類に属し、その違いは大きさだけである。

船団は岸から五キロほど沖へ出ると、帆を翻して頭から旋回し、岸方向へ進路を変えた。風向きと強さを計りながら、何度も方向転換し獲物を探す。イルカと、時おり飛翔する飛び魚を別にすれば、海上には生き物の姿は見えない。

陽はすでに高く昇り、船上には赤道直下の強烈な陽射しが照りつける。時計を見ると一〇時を指していた。朝六時半ごろ出漁したから、まだ三時間半ほどしか経っていない。ただひたすら大物が浮上するのを待つ。これは確かに聞いたこともない漁だ。こんな原始的なやり方で漁が成り立つのか、こちらの方が心配になってきた。

あたりを見回すと、海は凪《なぎ》で波音も聞こえない。水面を伝わっていびきすら聞こえてきた。見ると、漁師たちが船内でごろりと横になって目を閉じていた。起きているのは見張りと銛打ちだけだ。彼らは海上のちょっとした波紋でも見逃さないように、常に気を配る。彼らに任せよう。私もジョンソンの上で横になり、体を休めた。長期戦になりそうだ。

炎暑に脂汗をかきながらもうつらうつらしていると、突然、インドネシア語の怒鳴り声が聞こえた。エンジンを操っている髭面のゴリだ。

「ボン（筆者のこと）、イカンパウス（直訳すると鯨の王様、マッコウクジラのインドネシア語の呼び名）」

私は跳び起きた。見ると水面の彼方に豆粒のような黒い点が飛翔し、大きな水しぶきを上げている。あまりに早い遭遇に面食らいながら、フィルムを交換し、撮影機材をチェックした。準備が整ったところで、もう一度鯨の方を見るが、もう消えている。

「どこだ」

「潜った」

見渡すと、プレダンの一団はすでに鯨の出た方角へ一直線だ。もうずいぶん前からあとを追っているらしい。私たちは鯨を刺激しないためにエンジンを止め、浮上するのを待った。

「鯨の潜水時間は？」

「だいたい三〇分から一時間くらいだ」

どこから浮上するのか、それが問題だ。ゴリによれば、鯨の進行方向は潮流から読める。波が西から寄せてくるので東に出るのかと思い、そちらを見ていると、反対だと言われた。潮と波の方向は必ずしも一致しないらしい。ゴリの予測する方向に見当をつけ、望遠レンズを覗《のぞ》きながらひたすら待つことにした。

三〇分、そして一時間と時だけが経過していく。しかし見えるのはどこまでも続く海原だけだ。鯨は浮上しなかった。プレダンも旋回してそれぞればらばらの方向へ進み始めた。

「ボン、時間が経ち過ぎた。鯨は逃げた」

ゴリの声にがっかりしながらも、まだまだ初日だ、これからだ、と気を取り直す。あまりに早く現れてしまっても感動が薄れる。ゴリだって商売あがったりだろう。私は潮風を避けて機材を防水仕様の銀色のジュラルミンケースにしまい、次に備えた。

一二艘のプレダンは間隔を広げ、両端の距離は四、五キロにまで広がっていた。私はどこに鯨が出ても大丈夫なように、その中間地点にジョンソンを走らせ、待機した。

昼過ぎに、またゴリが私の名を呼んだ。見ると、遠くで一艘、帆を下ろしているプレダンがある。エンジンを回して駆けつけると、巨大なジンベイザメがプレダンを引き回していた。銛を打たれたジンベイザメは巨大な尾で水柱を上げると、次の瞬間、海中深く潜った。

引きずられて船はゆっくりと海面を滑っていく。船の上は戦場のようだ。争うように次の銛を用意している。獲物の勢いが弱まったころを見計らって漁師とサメの綱引きが始まった。掛け声を合わせて懸命に綱を引く。銛打ち漁の勝負所だ。下手に引くと綱をちぎられたり、銛が外れたりする。魚釣りの要領だ。もっとも船を引き回すような魚なんて聞いたこともないが。

一五分ほども綱引きが続いただろうか、深く潜っていたジンベイザメは水面にまたその巨体を現した。六、七メートルはある。漁師たちは容赦なく次々と銛を放つ。海面は血に染まり、銛の雨を浴びたジンベイは、しばらくもがいていたが、やがてぱったりと動かなくなった。

するとドゥリと呼ばれる長柄包丁を持った漁師が海中に跳び込み、心臓に突き立てた。止《とど》めの一撃だ。私も水中用のカメラ、ニコノスを手に海に跳び込む。水中には赤いフィルターがかかっているように見えた。サメが流した赤い血だった。視界が開けると、無造作にサメの腹を刺し続ける、いかつい漁師の顔が現れた。そして「写真に撮れ」という仕草をして、ニヤリと笑った。

ジンベイザメを彼らはヒュウ・ボドと呼ぶ。インドネシア語で「愚かなサメ」の意味だ。ジンベイザメは、その巨体にもかかわらず、プランクトンを食むおとなしいサメだ。天敵もいないため、水面ではいつものんびり泳いでいる。だから銛打ちも船上から銛を突き立てるだけで簡単に仕留められる。格好の獲物なのだ。ただ全長一〇メートルを超えるジンベイは、船体を水中に引き込む力がある。こうなるとさすがに銛打ちも襲わない。鯨と違って水上で呼吸する必要のないサメは、どこまでも深く船を引き込むからだ。巨大なジンベイザメは船に揚がらないので、漁師が海に跳び込み、海中で解体された。ラマレラの漁は聞きしに勝る凄《すさ》まじさだ。

午後二時過ぎにはすべてのプレダンが浜に戻り、私も民宿に帰った。さしずめ八時間労働といったところか。

宿には外国人見たさに大勢の子どもたちが集まっていた。どの子も真っ黒なのは大人と同じだが、真っ白な歯が可愛《かわい》い。穴の空いたTシャツに破れた半ズボンをはいている子はまだいい方で、中には文字通り素っ裸で、青っぱなを垂らしている子もいた。私がシュガーレスキャンディを配ると、すごい勢いで群がってくる。ちなみになぜシュガーレスかと言うと、辺境では、旅人があげるキャンディで虫歯になる子どもたちが増えているからだ。

ちょっと親しくなったところで、男の子たちに尋ねてみた。

「将来何になりたいか」

「もちろん銛打ち。もしなれれば」

男の子たちは、はにかみながらも目を輝かせて答えた。

そうだろう。もし私がラマレラの子だったとしたら同じように答える。

赤く焼けた肌をさすりながら、ジンベイザメ漁を思い返してみた。想像した通りの勇壮な漁だ。ニューギニアの空を見ながら空想したことは事実だった。もしあれが鯨だったら、いったいどんな凄《すご》いことになるのだろうか。期待に胸がふくらんだ。

マンタ漁

二日目は獲物がゼロだったが、三日目にはマンタを銛で突いた。マンタとはオニイトマキエイのことで、その菱形《ひしがた》の形が昔の糸巻きに似ていることからこの名がついている。熱帯や亜熱帯の海に生息し、プランクトンを食むおとなしい魚だが、成長すると体長五メートル以上にも

なる。ラマレラでは、マンタの大きさにより呼び名を変え区別しているが、遭遇したのは、ブレランと呼ばれる一番大きな種類のマンタだった。日本でもダイバーたちの間で、四畳半と呼ばれる大エイである。

ブレランの巨大なブルーの魚影が水面に映ると、プレダンは帆を上げたまま櫂を漕ぎ、加速しながら追っていった。射程距離が近づくと、帆を下ろす。帆を下ろすのは、プレダンがマンタに引き倒されないためだ。漁師たちは懸命に櫂を漕ぎ、マンタに迫る。船の舳先に立つ銛打ちが、銛を構えたまま船を誘導し、マンタが射程距離に入るのを待つ。

銛打ちのことを、ラマレラではラマファと呼ぶ。「船の前部の人」という意味だ。舳先に立ち、獲物の発見をはじめ、船の指揮、銛の打ち込みなど漁の大きな責任を負う。またプレダンの乗組員はオランダ語由来のマトロスと呼ばれていた。銛を構えるラマファの背後では、マトロスの一人である助手が銛綱をたぐっていた。やはり緊張した面持ちで行く手を見守っている。

マンタ漁には、鯨漁にも匹敵するほどの危険が伴う。犠牲者の数もひけをとらない。危険のひとつは、マンタの振り回す巨大な翼だ。直撃すると人を即死させる破壊力がある。しかし、もっと怖いのは細い銛綱だ。これがラマファの足や腕に絡むと、そのまま海中に引き込まれる。

私は、そのマンタ漁の一部始終を撮影しようと、固唾《かたず》を呑んでカメラを構えた。

ラマファは距離を計ると銛を振り上げ、高々と飛躍した。銛を嵌めた竹竿に全身の体重を預け、マンタの背中に深々と銛を叩《たた》き込む。そうしながらも竹竿を梃のように回す。翼の一撃を避けマンタの後ろに回り込むためだ。助手はその背後で注意深く銛綱を繰り出す。綱がラマファに絡まないように全身の神経を集中する。彼が文字通りラマファの命綱を握る。もしラマファに綱が絡んだ場合はすぐに綱を切らなければいけない。銛を打つ時に、マトロスはラマファの指示で方向を決め、櫂を漕ぐ間合いを計る。このように全員が一体となって初めて銛打ち漁は成立する。

マンタは背中に銛が刺さったまま、猛烈な勢いで水中に潜っていった。船上のマトロスが次々と銛綱を繰り出す。獲物はでかくとも、あとはやはり釣りの要領だ。

三〇メートルはある銛綱が伸びきり、プレダンがぐっとかしぐ。続いてゆっくりと船体が引き回され始めた。全身がヒレとも言えるマンタの推進力は凄い。帆船をぐいぐい引っ張る。船は右へ左へと振られ、エンジンボートで接近していた私たちはあやうく衝突しそうになった。

二〇分くらい引き回しただろうか、疲れたころを見計らい、マトロスたちが綱を引いた。激しい引きが来ると、ちょっと緩める。抵抗が弱まると強く引く。今度は人間とマンタの綱引きだ。マンタを引き上げるにはずいぶん力と根気がいるらしい。マトロスたちは力を振り絞るかのように大きな声を出して、歌いながら綱を引いている。そのちょっと物悲しげな歌声に興味が湧いたので、内容をゴリに尋ねてみた。「村にはもう食べ物がない。どうか、もう観念してこちらへおいで。わたしたちは飢えているのだ」。そんな内容だった。時間のかかるマンタ漁の歌にはさまざまな種類がある。歌を通してラマレラの人々の心の内が分かるようで興味深い。

ころ合いを見計らったところでマトロスたちは、今度は一気にマンタを引きつけた。水面に、もがくマンタの青い魚影が現れ、それがだんだん大きくなってきた。巨大だ。全長五メートル以上あるように見える。

プレダンに戻ったラマファが水を滴らせながらタイミングを計る。マンタが水面に巨体を出すと、ラマファは高々と跳躍し、背中にまた銛を浴びせた。他の漁師も次々と銛を投げつける。翼を振り回し、飛沫を上げるマンタ。右に左にと、のたうち回る。しかし、銛綱を短いところで固定しているのでもう遠くへは逃げられない。矢のように銛を浴び、海の怪鳥もついに力尽きた。海中に跳び込んだマトロスが長柄包丁で止めを刺す。

この日はこのマンタが唯一の収獲だった。あまりに大き過ぎるので、海の中で一部を切断、プレダンに引き上げ、船上で解体する。その後、ラマファの手により、乗組員であるマトロス全員に分配された。

肉の分け方には昔から細かい規定がある。大まかに説明すると、顎、胴体、左右の翼と、四つに分けられる。胴体と右の翼は漁の貢献度が高いラマファへ、胴体の一部はプレダンの所有者へ。顎の部分を最初に獲物を見つけた漁師が取る。左の翼は帆を作った職人やプレダンの持ち主も含めてマトロス全員に均等に分配される。比較的頻繁に捕れるマンタの肉はラマレラでは鯨に次いで重要だ。食べきれない分は干して休漁期の保存用食料となる。

私は浜でマンタを分配しているマトロスに、どこの部分がおいしいか、尋ねてみた。

「サマ、サジャ（どこも同じだ）」

すぐに自分が愚かな質問をしたことに気づいた。ラマレラの民は、食料のえり好みなどしないのだ。

その日、民宿の夕食のテーブルには先日捕れたジンベイザメのスープが登場した。その肉は強烈な臭みがあり、常識的な日本人の感覚では、とても食えたものではない。しかし食事と言っても残る献立はご飯しかない。やむを得ずかき込んだ。ところが宿の主人をはじめ、村人はご馳走《ちそう》だと喜んで食べていた。慢性の食料不足に悩むラマレラ。ここでは食に対する考え方が根本から違うのかもしれない。食べられるもの、消化できるものはすべて海からの大切な恵みなのだ。

こうした考え方には、レンバタ島が火山性の地質で作物の成育にはあまり適さないということがある。特にラマレラ付近は、乾燥している上に標高が低い。暑過ぎて不毛なのだ。村では岩肌の間の土に植えたトウモロコシくらいしか育たない。いきおい村人は海に幸を求める。それも小物では村人全員を食わすことができない。銛で大物を追う。豪快な漁にはそういう事情があった。ラマレラでの鯨以外の獲物は、ジンベイザメ、マンタの他にシャチ、サメ、カジキ、マンボウなどやはり大物ばかりだ。例外的に飛び魚が回遊してくる四月だけはこれを集中的に釣る。

ところで、人口約二〇〇〇人のラマレラは大きく分けて三つ、細分すると一九の氏族からなる。ラマレラの民はもともとレンバタ島の住人ではなく、他から移住してきた。海の民ブギスの流れを汲むという。農業に頼らず漁で暮らしを立てるのは、その伝統のせいでもある。

氏族は出身地ごとに分かれる。語り継がれた神話を辿れば、同じインドネシアのスラウェシ、アンボン、フローレス島などに辿り着く。もともとは各氏族が最低一艘のプレダンを所有し、それぞれに自活していた。だからマンタやジンベイザメが捕れるとマトロスなどを通してその氏族が潤う仕組みだ。

また鯨が捕れると、村独特の物々交換システムを通じ、一人ひとりにくまなく分け前が行き渡る。江戸時代、紀州の鯨漁では、こう言った。

「一浦で一鯨を捕れば七郷が賑《にぎ》わう」

そして、ここラマレラにも同じような表現があった。

「鯨一頭捕れれば村が二カ月は食べていける」

最大の獲物、鯨。ラマレラ周辺の海域にはマッコウクジラが回遊してくる。マッコウの成長した雄は一五メートルにも達する。

国際的には反捕鯨の流れに傾いている中、ラマレラの捕鯨はどのように認識されているのだろうか。

IWC（国際捕鯨委員会）ではすべての商業捕鯨について禁止しており、加盟先進国では日本だけが頭数調査のための「調査捕鯨」として近年はミンククジラ八五〇頭の捕獲を例外的に強行している。二〇〇五年からはさらにザトウクジラ五〇頭、ナガスクジラ五〇頭も対象になった。このほか太古から続いてきた先住民生存捕鯨として、アラスカとロシア・チュクチの先住民がベーリング海系のホッキョククジラを年間最大六七頭攻撃すること、デンマーク領のグリーンランド先住民がナガスクジラを年間一九頭、ミンククジラを年間一七五頭攻撃することがそれぞれ認められている。攻撃するという表現を使ったのは、失敗してもカウントされるからだ。他にもセントビンセント・グレナーディーンのベックウェイ島民によるザトウクジラの捕獲など計四カ所が生存捕鯨として認められている（数字は日本捕鯨協会HPより）。

ただしIWCに加盟していない国はもともとその規制の適用外なので、インドネシアのラマレラなどはその範疇《はんちゅう》に入っていない。加盟していれば当然生存捕鯨として認められていることだろう。そして他のどの地域の捕鯨も、銃や近代的な船を使っている。未だに太古のままの方法で鯨を捕っているのは、ラマレラだけだ。ちなみにラマレラが主に捕るマッコウクジラ種の生息数は、全世界で数十万頭から一〇〇万頭とも言われている。数に大きな幅があるのは、未だに鯨の全頭数の観測方法が確立されていないためだ。

さて、肝心の鯨漁だが、六月の初めにラマレラへ入った私は連日プレダンのあとについて鯨を追った。しかし鯨との遭遇は漁の初日以来、ぷっつりと途絶えてしまっていた。ラマレラの鯨漁の漁期は五月から八月までの四カ月間だ。この期間に、レンバタ島とチモール島にあるオムバイ海峡を鯨が回遊する。その季節に合わせて来たつもりだったが、ただひたすら海上に漂いながら波を眺める日々が続いた。

直射日光を浴びながら一時間船上にいるだけでも結構苦痛なのに、毎朝六時過ぎに出漁し、八時間から九時間も洋上を漂っていると、時間の感覚が麻痺《まひ》してくる。何と言ってもその間何もできないのがこたえる。鯨漁の大変さは、その危険性だけではなく、こうした極限のような忍耐の時間にあるのだと、私自身も骨身に沁《し》みて分かってきた。そして猛烈な暑さのため、フィルムもやられていた。海上で四〇度を超える船の中、連日直射日光に晒《さら》された未撮影のフィルムは変色の可能性があるので処分しなければならない。民宿でパトローネからフィルムを引っ張り出し、火をつけた。写真が全然撮れないのに、フィルムだけが減っていく。燃えてとぐろを巻くフィルムを眺めながら、焦燥感《しょうそうかん》が募っていく。

ベンの家

ところで、村にはもうひとつ民宿がある。私がいたのは浜辺のアベル・ベディングの宿だが、丘の上には、英語教師ベン・エバンが経営する「Ｂｅｎのホームステイ」があった。ベンは歳は四〇あたり、パンチパーマのような天然の縮れ毛で浅黒い顔にいつも白い歯を出して笑う陽気な男だ。細身で肩幅も狭く、一見して漁師とは体つきが違う。ちなみにお腹の出たアベルもそうだが、ラマレラでは漁師とそうでない人間はその体つきを見れば分かる。私はベンの陽気さと、英語の流暢《りゅうちょう》さに惹《ひ》かれて宿を移ることにした。と言うのもインドネシア語での取材に限界を感じていたからでもあった。私のインドネシア語も拙いが、ラマレラではそもそもインドネシア語があまりできない老人も多く、ラマレラ語から英語という流れの方が取材しやすいと思ったからだ。その後、取材のためにベンによく通訳を頼んだが、ラマレラ語のやりとりのおかげでコミュニケーションがとてもうまくいった。彼も常に気軽に応じてくれ、大いに助かった。

ベンの宿もアベルの家以上に質素で、トイレの水場にはボウフラが湧き、半分壊れた粗末な木の寝台では、体を傾けたまま暑く寝苦しい夜を過ごさなければならなかった。ただ住環境としては不便でも、それを補って余りある素晴らしいことがひとつあった。宿の裏庭から見渡す景色が素晴らしかったのだ。丘にせり出したベンの家から椰子の木越しに、ラマレラの浜が一望でき、帆を修繕する漁師たちの姿や、ラマファの真似をして岩から海に跳び込む子どもたちの姿などが手に取るように見える。もし浜で何らかの動きがあれば、すぐ気づくだろう。海を望めば青い珊瑚礁や岩、白波を上げる水平線の彼方まで遠く見渡せ、鯨が出たなら誰よりも早く見つけられそうだ。

ベンにはウディスという五つ年下の妻がおり、黒く大きな眼をして、ベンに負けずよく笑う。二人の間には五歳のイノという男の子と、三歳のオニという女の子がいた。二人とも庭で遊ぶ鶏に負けないくらい元気よく走り回っていた。幸せを絵に描いたようなラマレラの一家と暮らすのは、私にとっても悪い気はしなかった。

鯨と信仰

そんなある日、宿の裏庭から眼下の海を眺めていると、村人たちが「コテクレマ（ラマレラ語でマッコウクジラ）」と騒いでいるのが聞こえてきた。私にはよく見えないのだが、傍らにいたイノに聞くと、「ボン！　イカンパウスだ！」と明解な答えが返ってきた。マッコウクジラが出たらしい。しかし浜を見回しても誰もあわてた様子がない。よりによってこんな日にと私はがっくり肩を落とした。ラマレラの現在の宗教はキリスト教である。ほとんどの村人が敬虔《けいけん》なカトリックで、そのため日曜には漁に出ない。私は日曜を安息日とする西洋人が持ち込んだこの宗教を呪《のろ》うしかなかった。悠々と沖を泳ぐ鯨を眺めながら、「鯨もよく知っているな」とベンの家族と苦し紛れのジョークを交わした。

ところで村にキリスト教が最初に入ってきたのは一〇〇年ほど前のことだ。それ以前は祖先崇拝を中心とした素朴なアニミズムが村の宗教だった。大きな氏族の祖先の頭蓋骨は浜辺に祀《まつ》られ、巨石を崇拝。村人は鶏を生贄《いけにえ》にし、さまざまな食物を供えた。そして人々は先祖を通じて海の神に祈り、もっとたくさんの魚が捕れるように願ったという。しかし、そうした風習もドイツ人の宣教師が訪れ、徐々に廃止されていった。

ベンの伯父にあたる村の古老、トゥフォオナ氏族のデビッド・エバンによると、彼がまだ現役だったころ、初めて宣教師がやってきたという。村人はさまざまな援助を受けたこともあり、彼に敬意をはらった。表向きはキリスト教のしきたりを受け入れはしたが、簡単には古来の信仰を捨てることはしなかった。

業を煮やした神父は何とかアニミズムの根を絶とうとする。当時、村には頭蓋骨を乗せる神聖な石というのが数多くあった。これは土着信仰の魂とも言えるものだ。ある日西洋人の神父はそれをすべて集めるよう命令を出した。キリスト教と相容れないそうした信仰の根を絶つために、教会の敷地に埋めてしまおうとしたのだ。

イスラム教を国教とするインドネシアだが、実は離島へ行けば行くほどキリスト教化率が非常に高い。これは二〇世紀初頭にインドネシアで、カーゴカルトと呼ばれる物資供給と一体になった布教活動が競うようにして行なわれた結果で、ラマレラも例外ではない。

当然村人たちは抵抗し、両者の間が険悪なムードになった。出された解決策は非常にラマレラ的なものだった。

石を埋めた翌日の漁によい結果が出れば神父に従い、もし不漁なら神父が村から出ていくという取り決めを結ぶ。神父にとってはとてもリスクの高い賭《か》けだったろう。

ところが、翌日の漁ではめったにないほどの大漁になり、神父の言い分が通った。村人は神父の言葉に従うことにした。このような曲折を経ながら、伝統宗教の慣習は次第に廃《すた》れていった。

ただ面白いことに、よく観察してみるとアニミズムのしきたりはキリスト教の儀礼の中に形を変えて残っていた。漁期の初めには宣教師であるポーランド人、デュポン神父は浜でミサを行なう。ラマファたちが、それぞれの船からレオと呼ばれる聖なる銛綱を持ち出す。まず神父が聖水を撒《ま》いてレオとラマファを浄める。それが終わると、村人全員が聖水を受け、そして海、最後にプレダン一艘一艘にやはり聖水をふりかけ漁の無事を祈願する。これはおよそキリスト教本来のミサとは違うものだ。

また、沖で鯨を見つけると、あわただしい中、櫂を漕ぐ手を休め、マトロスたちはまず十字を切る。漁の無事を願って祈りを捧げたのち、櫂を漕いで獲物の追跡を続ける。

伝統的な慣習や儀礼が、そのまま西洋風に形を変えて営まれていた。こうなってくるとキリスト教がアニミズムに取って代わったのか、アニミズムがキリスト教の衣を纏《まと》っただけなのか、分からなくなる。

こんなこともあった。

「秘密だが……」

と、ある村人がこっそり教えてくれた。村には氏族ごとに祖先の家という、氏族の中心となる家がある。地元でランゴ・ベラと呼ばれるその家は今もラマレラでのさまざまな儀式の中心となっている。一部のランゴ・ベラでは、祖先の頭蓋骨が祀られ、信仰の対象となっているというのだ。神父は、もちろんそれを知らないという。

一見、西洋の宗教に圧倒されているようでありながら、実は頑《かたくな》に自分たちの文化を守っている。アジア人のしたたかさを目の当たりにするようで興味深かった。

日本における捕鯨文化

手造りの帆掛け船で鯨を追い、銛一本で鯨を突くラマレラの鯨漁。その捕鯨法は大体摑めてきた。それでは、同じ捕鯨の歴史を持つ日本のかつての捕り方はどんなものだったのだろうか。

よく知られているのは和歌山県太地の鯨漁だ。一七世紀後半に始まった銛と網を併用する網掛け突き取り捕鯨法は、鯨を網に追い込んで捕るというものだ。これは集団によるチームワークが要求される高度な捕鯨法で、和田一族により鯨組が形成されていた。この方法はそれまで泳ぐスピードが速く捕らえられなかったセミクジラなども捕らえることができる優秀な捕鯨法だった。

では、網捕法以外の捕鯨法はと言うと、これがラマレラと共通する突き取り法なのだ。日本で鯨漁の記録が残る最古のものは、『万葉集』にある「いさなとり」で、「いさな」は鯨を意味したと言われている。当時の捕鯨方式は、まさに船の上から鯨を突く、ラマレラ的手法だったと思われる。一一世紀の文献に当時の捕鯨組の祖先が八五一年ごろに「王魚」を捕らえていたとする記録もある。王魚は鯨のことと推測され、奇《く》しくもインドネシア語でマッコウクジラのことを鯨の王様（イカンパウス）と呼んでいるのにも似て、興味深い。同じクジラ類に属するイルカなども含めると、突き取り漁の起源は、縄文時代まで遡る。

太地の網捕法は、実は突き取り法の改良型で、革新的な方法だった。そのため、網捕法は他の捕鯨地にも広まり、捕鯨数も飛躍的に伸びた。江戸時代、日本最大の捕鯨組となった平戸藩生月《いきつき》島の益富組は、もともと突き取り法を行なっていたが、いちはやくその網捕法を採り入れ、年に数頭だった捕鯨数が、年間一〇〇頭以上にも激増する。生月島では幕末までの一六〇年間に総計二万一七九〇頭もの鯨を捕り、平戸藩の大きな収入源となった。

こうしてみると、ラマレラの鯨漁のやり方は、江戸時代の太地の捕鯨法以前の、最も原始的な捕鯨法ということになる。

鯨を待つ仲間たち

私は連日プレダンのあとについて鯨を追った。しかし鯨との遭遇は漁の初日以来、ぷっつりと途絶えてしまった。毎朝、プレダンとともに浜から出漁し、船の上から海を眺める日々。ほとんどが手ぶらか、せいぜい船尾で釣り糸を垂らすマトロスの飛び魚数匹が収獲だ。プレダンによっては、もう一年も鯨どころかマンタも捕ってないというケースもあった。長期戦を覚悟した私は、開き直って頭を空にし、ただひたすら海上に漂いながら時をやり過ごすことにした。なるべく体力を消費しないように船の上で寝て、鯨が出ないからといって努めて気を揉《も》まないようにした。

そのようにして鯨を待っているのは、私と漁師だけではなかった。実は私がラマレラに来る二週間前からベルギー人のテレビカメラマンが鯨漁の撮影に来ていた。

彼の名はビンセント。フリーランス最初の仕事としてこのラマレラを選んだという。私と同じく三二歳の彼は金髪で背が高く、精悍《せいかん》で整った顔立ちは若いころのグレゴリー・ペックを思わせる。彼は鯨漁のドキュメンタリーをフランスのテレビ局に売り込むそうだ。傍らには助手としてエマニュエルという金髪の美しい女性録音技師を伴っていた。彼女はエンジンボートではなく、プレダンに同乗して鯨を追っていた。

また、私から少し遅れて来たアメリカ人も一人いた。カメラマン志望のジョンという男だ。中年に差し掛かっている彼は頭頂部がすでに薄くなっていたが、一九〇センチを超える大男で、毛むくじゃらの太い腕と、澄んだ青い眼をしていた。彼もプレダンに乗って毎日出漁していた。当時、ラマレラの鯨漁はまだ世界的に知られてなく、もちろん日本でも紹介されてなかった。

ビンセントと私は経費節約のため、途中から彼のエンジンボートを共用することにした。彼が乗っていたのは名ラマファと言われるサンガが所有しているジョンソンだ。二人でいると、インドネシア語ではなく英語で気軽にコミュニケーションできることもあり、冗談を交わしたり、旅の話をしたりして気を紛らわせることもできる。

実はビンセントは前年も旅人としてこの島を訪れており、その時鯨漁を目撃したのがきっかけで、今回、テレビカメラを持参したそうだ。ラマレラの鯨漁のドキュメンタリー製作に成功すればフリーランスとして道が大きく開かれるという。彼はこれまで映画カメラマンを目指し、一〇年以上アシスタントを務めてきた。有り金を投じて、この取材に賭けているらしい。

「もし鯨が出なければ？」

と意地悪な質問をすると、

「大変だ。ビッグプロブレム」

しかし今回の取材で彼は大きな失敗をしていた。連日プレダンを追っていたのだが、関連取材で一日だけ、サンガの息子、ミカエルが学ぶ中学校の卒業式に行った際にそれは起こった。ラマレラの外れにある中学校での撮影が終わり、浜辺に戻った。すると村人から鯨が出たと教えられた。あわててジョンソンを走らせて漁の現場に駆けつけたが、すでに鯨は息絶えており、肝心の鯨漁を撮影できなかったというのだ。

私がこの村に到着する三日前のことだという。何という恐ろしい話。その話を聞いて以来、片時も油断しないように私自身も肝に銘じた。波の状態が悪くプレダンが漁に出られない時も、常に浜から離れず突然の出漁に備えた。浜辺からマッコウクジラが見えると、日曜を除いてよほど気象条件が悪くない限り漁師たちはプレダンを出してあとを追うからだ。

しかし、常に浜から離れられないというのはなかなか不便なことでもある。毎週土曜日には村から東へ七キロ行ったウランドニという村で市が開かれている。ラマレラには車は通っておらず、そのための道路もない。椰子の木が並ぶ海岸線を歩いて二時間の道のりだ。ラマレラの女たちは鯨の干し肉などを頭に載せて、野菜やトウモロコシと交換に行く。

海の民と山の民が物々交換する伝統の市。もちろん撮影したい被写体だが、その日に限って鯨が出たらと思うとやはり行くに行けない。いやそれどころではない。ロスメンでのうたた寝や、ちょっと村外れまでの散歩も危険だ。カメラマンとしては一番つらい生殺し状態だ。

そんな中、漁では新しい獲物に遭遇した。シャチだ。ラマレラではスグニと呼ばれている。野生のシャチを間近に見るのは初めてだった。シャチは大きな長い背ビレを立てて悠々と波を切っていた。その姿はどんな鯨よりも優雅で美しくさえ感じられた。その流線型のボディはシャープで、ファインダー越しに見ていても惚《ほ》れぼれとするほどだ。

シャチ漁も基本的には鯨漁と同じだ。潮の流れを読みつつ、まず、帆走してシャチのそばまで近づく。シャチに悟られるとあっという間に逃げられてしまうので、接近は慎重に行なわれる。プレダンはシャチの群れに近づくと、一斉に帆を下ろした。シャチが潜ったので、浮上するのを待つためだ。七艘の船の舳先に立つラマファが目を皿のようにして海面を見つめ、銛を構える。私もすぐそばまでジョンソンを寄せようとする。しかし操縦役のステファンという若い漁師は、

「だめだ、怒られる」

と、なかなかプレダンに近づこうとしない。

もちろんシャチに悟られては台無しなので、一定の距離を保ちながら見守ることにした。プレダンからは張り詰めたマトロスたちの空気が伝わってくる。しばらくすると、シャチが一頭ついに浮上し、大きな背ビレで水を切り始めた。すぐそのあとを至近距離でプレダンが追う。シャチは潮を噴き上げている。英語名でキラー・ホエール（殺し屋鯨）と呼ばれるこの哺乳類はマッコウなどと同じ歯クジラ類に属する。文字通り、ツチクジラの子どもなどを襲って食べてしまうこともある。その方法は、ツチクジラの親子を執拗《しつよう》に追い詰め、最後には子鯨を窒息させて仕留めるというものだ。知能が高く、浜辺のオットセイなどを海から襲ったりする恐ろしい海の狩人でもある。

ラマファは懸命に銛を掲げ、攻撃の態勢をとる。だが、なかなか距離が詰められない。シャチの泳ぎが速過ぎるのだ。躊躇《ちゅうちょ》している間にシャチはまた海中に潜ってしまった。

待機していると、船団の外れにいたプレダンのそばで飛沫が上がった。ラマファが海中に跳び込んだようだ。ジョンソンを旋回させて駆けつけると、ラマファのサンガがシャチを仕留めていた。サンガはステファンの父でもある。彼は当時一四人いたラマファの中でも最も優秀な男だと言われていた。海の殺し屋と恐れられるシャチさえ、ラマレラのラマファはその上に跳びかかって襲う。この世で一番怖い海の捕食者はラマレラのラマファかもしれない。

私のボートが至近距離まで寄った時には、シャチはすでに息絶えていた。あわててジョンソンを船団の方へ戻す。しかしシャチの群れは二度と水上に姿を現すことはなかった。

サンガの捕ったシャチは浜で解体され、その肉は美味で牛肉のような味がした。シャチはマッコウよりも銛打ちのチャンスが少なく、なかなか食べる機会がないそうだ。また、マッコウと違い、固いその歯は細工物をするのに最適で、ラマレラでも指輪などに加工して旅人に売ったりしている。貴重な獲物だった。

しかし、肝心のマッコウクジラが出ない日は続いた。ジョンとビンセント、そしてエマニュエルと私の四人は、いつの間にか運命をともにする仲間のような連帯感で結ばれていった。ジョンは四〇になるというのに、この鯨漁を通してカメラマンとしてのデビューを狙っていた。ただ、彼が鯨を待つのには、もうひとつ理由があった。将来息子ができた時にこう言いたいからだ。

「親父は手銛で鯨と格闘する、小説に出てくるような凄い鯨漁を見たのだぞ」

鯨を待ち続ける私たちは、妙に縁起を担ぐようにもなっていった。ある朝、漁に先立ちジョンがこんな話をした。

「昨晩、夢を見た。俺は魚を釣っていたんだ。そうしたら物凄い手応えがあったんだ。力を振り絞り、やっとの思いで引き上げると、釣り針の先に何がかかっていたと思うかい。鯨だよ、でかいマッコウクジラが釣れたんだ」

私たちは息を呑んだ。神にもすがりたい私たちには、大変な予兆に思えたからだ。

しかし漁が終わったあと、その日の食卓に上ったのは三〇センチの飛び魚だけだった。皆、複雑な思いでそれを口にした。

「明日こそ出る」そう言い続けて二週間も経つと、逆に鯨という言葉を発するのがタブーのようになってくる。誰からともなく鯨の名を口にすることや、明日こそという言い方を止《や》めるようになっていった。ラマレラの漁師が海上で鯨を見つけても、なぜ鯨をイカン（魚）と呼び、決してイカンパウスと呼ばないのか、その気持ちがちょっと分かった気がする。

鯨出現

六月下旬に、出漁してまもなく二回目の遭遇が起こった。海上遠くに潮を噴き上げるマッコウクジラの群れを発見したのだ。クラル（ヒゲクジラ）のように二穴ではなく、一穴で前方に向かって潮を噴き上げている。ビンセントは私に囁く。

「あれはどうもあれらしい」

頬《ほお》がぴくぴく痙攣《けいれん》していた。

「そ、そうだ。ま、間違いない。あれはあれだ」

と私。興奮を抑えることができなかったが、かろうじて、「あれ」の名を口にしないだけの冷静さは保つことができた。

プレダンはすべて帆を下ろし、掛け声を合わせて櫂を漕ぎ始めた。

「もっと近づけ」

はやるビンセントはジョンソンを操縦するステファンを煽《あお》る。しかしステファンは譲らない。

「プレダンに先を行かせる」

ステファンはまだ二〇代だが、ジャワテナのラマファ、サンガの息子だ。鯨漁に関しては、当然、プレダンに人一倍気を遣う。

しばらくするとマトロスの掛け声が止んだ。漁に先立つ祈りが始まったのだ。私やビンセントが声を上げて指示を出すと、ステファンは口に指を当てて制す。声が祈りの妨げとなるらしい。私もおとなしく神に祈りを捧げることにする。

祈りが終わるとプレダンが猛烈な追跡を始めた。通常、マッコウクジラは海上で三〇分ぐらい浮かび呼吸する。その間に追いつかなければ成功の確率はぐっと落ちる。

プレダンの舳先でラマファが両手をぐるぐる回す。櫂を漕ぐマトロスを煽っているのだ。しかし、一〇〇メートルほどの距離まで近づいたところで鯨の群れがふっと姿を消した。また潜ったのか。私は祈るような気持ちで行く手を見守った。しかし、一瞬の間を置いて、波の向こうから噴き上がる潮が見えた。私たちは慎重にプレダンのあとを追い始める。

七艘の船が鯨のそばまで近づく。ラマファはすでに銛を高く掲げ、銛を打つ体勢に入っている。私も望遠レンズを向け、その一瞬に備えた。海上には鯨の背ビレであろう、黒い影だけが見える。やがて、鯨の群れの中に一艘が入った。クルルスという名のプレダンだ。ラマファが銛を傾ける。鯨の真後ろ、その距離僅か数メートルだ。完全な射程範囲だ。が、しかしラマファは跳びかからない。続いて鯨が尾を振り上げるのが見える。また潜ったのだ。

一瞬何が起こったのか、分からなかった。鯨は完全に射程に入ったはずだ。なぜ襲わない。

「鯨との位置が悪い。背後からだと突けないんだ。横から回り込まなければ」

とステファン。彼もラマファ修業中の現役のマトロスだ。背後からの攻撃では、尾ビレの一撃を被る危険があるらしい。

私たちは祈るような気持ちで鯨が浮上するのを待った。しかし、眼前に広がるのは、黒い海とうねる波ばかりで、いつまで待っても鯨が再び姿を現すことはなかった。私たちはボートの上で呆然《ぼうぜん》と立ち尽くした。手を伸ばせば届きそうなところにいた鯨は、今や遥か彼方の深海へ消えてしまっていた。海の深さと自然の神秘を見せつけられたようで、何とも不思議な気分にとらわれていると、突然、エメラルド色の巨大な魚影が音もなく海中を移動していった。巨大なマンタが船の下を過ったのだ。鯨と入れ替わるように現れた神秘的なマンタの姿は、海の下に広がる雄大な未知の世界を想起させてくれる。

ふと気づくと、マンタが去ったあとの海面には、両手ほどの大きさのイカの切れ端が浮かんでいた。掬《すく》い上げてみると、赤みを帯びており、腐ってはいない。多少消化された痕跡もある。

「イカンパウスが食った」

とステファン。

マッコウクジラは深海で全長一〇メートルもの大王イカと闘い、それを食うと聞いた。このイカは小さいとは言えイカを主食にするマッコウクジラの食べ残しなのだろう。手の上のイカをじっと眺めてみた。先ほど遭遇した鯨が吐き出したのかもしれない。

これまで間近にその姿さえ見たことがなかったマッコウクジラ、ぬるぬるとしたイカの感触が、マッコウクジラが間違いなく存在していることの証《あかし》のように思える。幻のように感じられてきた鯨との、肌で感じる初めての接触がこのイカだった。

月日は無情に流れ、七月になるとエマニュエルが去って行った。ビンセントの助手としてプレダンに同乗して取材をしていたが、あまりに過酷であてのない取材に耐えきれなくなったらしい。一週間前にも、部屋ですすり泣いていたことがあったので心配していた。しかしビンセント本人は、帰るわけにはいかない。彼はすべてを賭けてこの取材に来たのだ。それでも彼の持ち時間は一〇日を切ろうとしていた。

連日の漁が続く。しかし鯨は出ない。いや鯨どころか、飛び魚一匹釣れない日が続いた。そんなある日、ジョンソンを走らせていると、ビンセントが、空を指さした。

「ボン、あれを見ろ」

見るとラバルカン山の上方に、マッコウクジラそっくりの形をした白い雲が浮かんでいる。

「あれは、全くあれにそっくりだ」

「本当だ。まさしくあれにしか見えない」

私たちはこの不思議な予兆に胸をときめかした。ちょっと似ているというのではなく、本当にマッコウクジラの形状にそっくりの雲だった。口にこそ出さないが、今日こそは、という思いがしてきた。あとで知ったのだが、これは鯨雲といって、ラマレラの村でも鯨が出る予兆として信じられている。本当にそっくりなのだ。私たちの期待は高まった。しかしプレダンとともに海から帰る時はまたも手ぶらだった。帰途、ジョンソンの舳先に腰掛けて海を見ていたビンセントの広い背中がやけに寂しそうに見えた。

漁から手ぶらで戻ったあと、あの雲の意味するところは何だったのか、私たちは首をひねった。いつの間にか、私たちはラマレラの鯨人のように迷信深くなっていた。

七月一〇日。ビンセント最後の出漁の朝、ちょっとした事件が起こった。ラマレラA地区に登る坂道の崖《がけ》から馬が転落して、下の浜で倒れていたのだ。男たちが集まって死んだ馬の肉を剝がしている。砂浜が真っ赤な血に染まり生々しい。昨晩、荷を積んだ馬が誤って転落したようだ。これはまた何の予兆だろうと、ビンセントが不思議がった。馬剝ぎというのは日本の神話では犯してはならない罪のひとつだ。そんなことを思いながら、鯨を待つ間にすっかり縁起をかつぐようになった私も考えを巡らした。ただ、あまりいい予兆ではないことは確かだ。ビンセントの気持ちを思い、あえて何も言わなかった。

その日も漁はあっけなく終わり、ビンセントの希望は、はかなく潰《つい》えた。私と同じ三二歳の男のすべてを賭けた夢が、幻の鯨とともに消えていこうとしていた。

「また、旅行ガイドをやって金を貯めるか」

そう言ってビンセントはラマレラをあとにした。彼はたった一日の油断を最後まで悔やんでいた。

やがてジョンも去り、私だけが残された。鯨漁撮影に賭ける気持ちは私もビンセントと変わりない。しかし当初の取材予定期間はとっくにオーバーし、二カ月間のビザも切れかかっていた。考えた末、ビザが切れる前に一度シンガポールに飛び、新たにビザを取り直すことにした。難しい決断だった。いつ帰ってくるか分からないカメラマンなんて日本での仕事は当然なくなるだろうし、鯨が捕れる保証もない。自分がどんどん泥沼へ足を突っ込んでいる思いがした。

ラマレラから国際空港のあるバリ島まで出るのは一苦労だ。週一便のラントゥカ行きの船を乗り継いでフローレス島へ出る。そこからバスで空港のあるマウメレへ行く。そしてマウメレからバリへ飛ぶ。バリ島からジャカルタ経由でシンガポールへ。結局、シンガポールに一泊し、全部で九日間の行程でラマレラへ戻った。それだけで日本的感覚ならばひとつの旅行みたいなものだ。心配したが、幸いにもその間、鯨は出ておらずほっとする。

それからも鯨を待つ日々が続いた。マトロスたちが大勢いるプレダンに乗る時はいいが、ジョンソンの中では操手と二人きりだからよけい孤独だ。しかも波や風のコンディションが悪くなり、休漁日が多くなる。そんな日は浜でじっと海を見つめながら鯨が出るのを待った。少々コンディションが悪くても、鯨を見れば出漁するかもしれない。この取材の一番の勝負所は忍耐なのだ、と自分に言い聞かせる。

そんなある日、丘の上から浜を眺めていると、いつもの定期船の中に白人の姿が見えた。カウボーイハットを被った巨体が見える。帽子を取ると頭頂部が眩《まぶ》しく太陽を反射している。ジョンだ。私たちは浜辺で抱き合って再会を喜んだ。ジョンもシンガポールにいったん出たが、どうしても鯨漁撮影をあきらめられなくて、もう一度挑戦する決心をしたそうだ。運命をともにする私たちには、ちょっとした友情が芽生えていた。

ジョンはプレダンで、私はジョンソンを駆って、鯨を追う日々が再開した。しかし待てど暮らせど鯨は出てこない。鯨の漁期は毎年五月から八月だ。捕れて年間一〇頭。しかし捕れる時は三、四頭まとめてということもあるからチャンスはもっと少ない。六月からラマレラに滞在を始めた私だが、すでに八月の半ばを過ぎていた。漁もすでに下火になり、出漁するプレダンも当初の十数艘から、二、三艘にまで減っていた。

あまりにも長く海を眺めているうちに私も時間の感覚が麻痺していった。少しずつ鯨人の気持ちも分かってきた。私にとってこういう時の過ごし方は長い人生のほんの一時期に過ぎないが、ラマレラの鯨人にとってはそれが一生続く。それを思うと本当に頭の下がる思いだ。

八月二五日、火曜日のレオレバ行きの定期船で、私はついにラマレラを去る決心をした。

夏休みで子どもたちが帰っているせいか、プレダンが出漁しない日も出てきていた。ビザもやがて切れる。これ以上深入りすると仕事の上でも自分の足下がおぼつかなくなる。考え抜いた末の判断だ。

私が去るという話を聞いて、翌日のララントゥカ行きの船で発つつもりだったジョンも気が変わった。一緒に行くと言い出した。一人で待ち続けるのはもう耐えられないらしい。

帰る決心をした後、一艘しかプレダンの出ない海を眺めながら、やけくその私はジョンにジョークをとばした。

「俺たちが去ったのを知って鯨の奴が現れるかもしれないな」

「そうだな、じゃあ、帰ったふりをして山に隠れていようか」

もちろんジョンも私も実際には山に隠れはしなかった。ともに帰りの定期船に揺られながら、習慣で海に鯨を探していた。今回は幻に終わったとは言え、この海の下のどこかにいつか私と会う鯨が潜っているはずだ。そう思うと海もどこか違って見えてくる。

定期船は白い航跡を引きながら海上を行く。鯨に夢を託しながら、挫折《ざせつ》し、去ったビンセントの後ろ姿が浮かんできた。その姿が、白波とともに、彼方へ運びさられていく。人ごとではない。私もついにその仲間入りだ。

帰国してしばらくして、ベンから一通の手紙が届いた。

「あなたが日本に帰った翌日、浜の近くに鯨が来た。われわれは一斉にプレダンで出漁した」

そこまで読んで、次に進むのをしばしためらった。親切過ぎる知らせだった。こみ上げてくる感情を抑えて、私は手紙を置いた。何という不運。ほんの一日違いで、私が去るのを待っていたかのように鯨が現れたのだった。しかし、その時はこの三カ月に及ぶ取材が、私とラマレラの鯨人との長いながい付き合いのほんの始まりだったとは知る由もなかった。

第三章　再挑戦

再訪

真っ青な海に無数の白い帆掛け舟、小舟のサンパンが漂う。飛び魚漁の季節になると、ラマレラ村の漁師たちは銛を糸に持ち替え、プレダンではなく、サンパンを駆って沖へ出ていた。そのサンパンの間を縫うようにして定期船がラマレラの漁港に近づく。浜辺は出迎えの人々で賑わっていた。出稼ぎから漁師たちが帰ってくるからだ。本格的な鯨漁の始まりを前に、村がまた活気に包まれていく。

銛打ち漁の季節は、レファと呼ばれるマッコウクジラの回遊期にあたる五月から八月の間である。それ以外の時期をラマレラの男たちは船の建造や修理、また他島への出稼ぎなど陸の上で過ごす。陸に上がった漁師たちは半年以上、海へ「帰る」のを心待ちにしていたはずだ。そして村へ帰ってきた漁師たちの中に日本人の写真家も一人混じっていた。

「よく帰ってきた」

村人たちは、出稼ぎの漁師たちと同じように再会を喜んでくれた。一九九三年四月末、私は定期船を降り、一年ぶりにラマレラの土を踏んだ。実は下見を合わせれば、鯨漁取材三度目の挑戦だ。この時期に訪れるのは初めてだが、ラマレラの村では鯨漁の準備があわただしく進ん

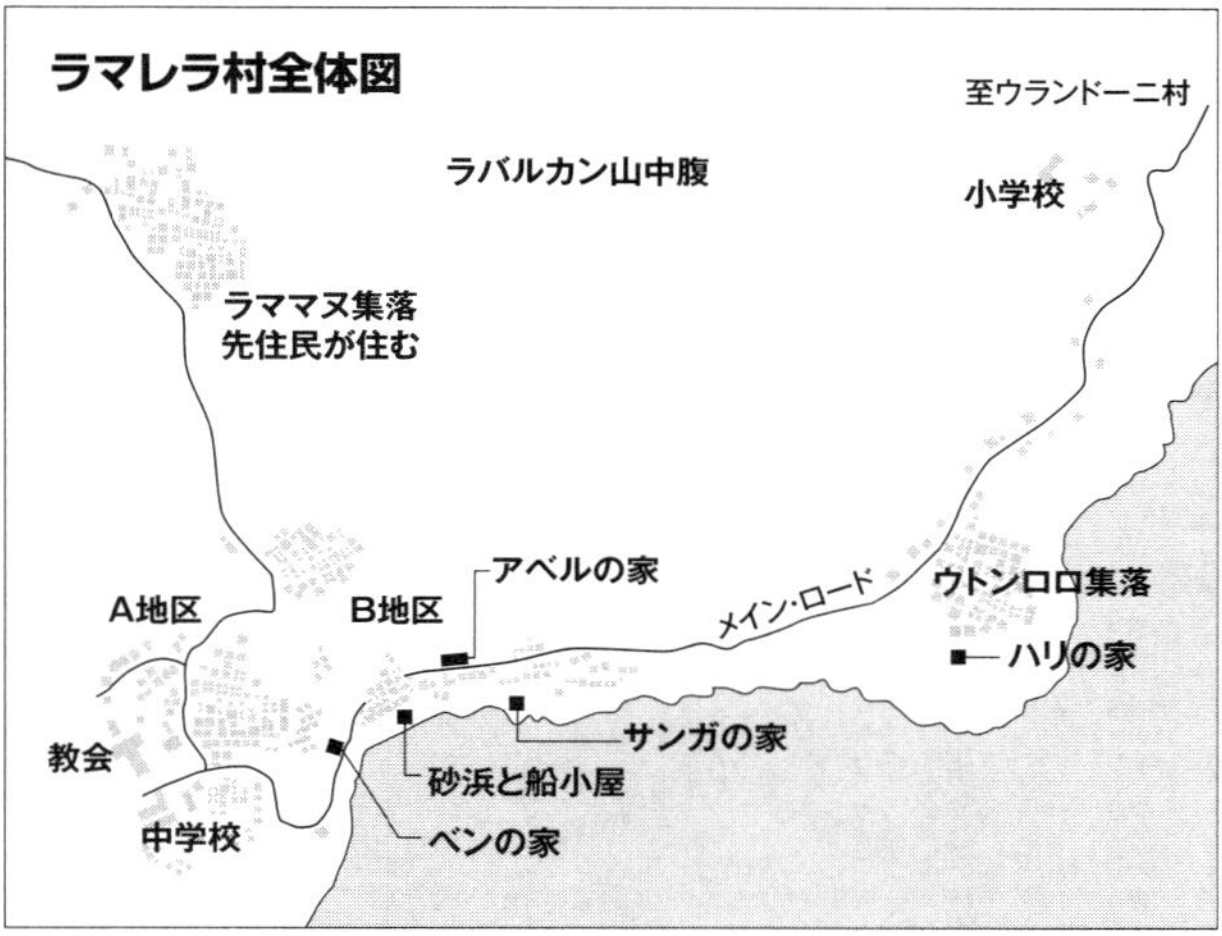

でいた。船小屋には完成間近のプレダンの姿もあった。プレダンは鉄釘《くぎ》を一本も使わず、合わせ木と木釘だけでできている。そんな伝統的な手法によるプレダンの製作方法はとても興味深い。鯨漁にはなかなか遭遇できなかったが、私はその機会をむしろ利用して、じっくりとラマレラと付き合うことにより、人々の暮らしやその伝統を学ぼうとしていた。

船造り

ところでラマレラは大きくふたつの地域に分けられる。ひとつはラマレラの西側の高台に位置するラマレラA地区。そして東側の海岸沿いに集落があるラマレラB地区。AはインドネシアでAtas（上部）、BはBawa（下部）を意味する。Ａ・Ｂという言い方には、特別な意味はなく、単純に高台と低地という意味だ。今回船造りをしているのは、ラマレラＢ地区に属するひとつの氏族だ。ラマレラは一九の氏族からなっており、それぞれがプレダンを持っている。氏族にとってプレダンは命の次に重要な存在だ。だからその製造にも特別な思いが込められていた。

私は、船造りの話を聞こうと、ラマレラＢ地区のバタオネ氏族の古老で、船大工として信頼されているブリドー老人を訪ねた。彼は七〇代半ば、白髪で半分禿《は》げ上がっているが、真っ白で太い眉毛と人なつっこい瞳がどことなく愛嬌《あいきょう》がある。私の好きな長老の一人で、以前から大工仕事をする様子の撮影や、長時間のインタビューも行なっていた。彼は私を船小屋へ案内してくれ、さまざまな興味深い話をしてくれた。

ブリドーによると、プレダンを収めた船小屋の奥にある土台には、彼らの先祖の頭蓋骨が埋められていたという。カトリックの神父に止められるまでは、最初の鯨漁に出る前にその骨を掘り出し海水で洗い、椰子の実で拭き、椰子油で磨いていた。そうすると、豊漁と、航海の安全が保証されるという。それが今では鯨漁の前の儀式は海のミサに代わってしまった。

「では、今はもう先祖の骨はないのかい？」

と尋ねると、ブリドーは私の目を見て、にやりと笑った。何年も通っていると、村人たちも心を開いてくれるようだ。そしてラマレラの民のしたたかさがちょっとうれしかった。私はそのことについて触れるのを止め、ブリドーに船造りについて尋ねた。

彼は、私の差し出した煙草をうまそうに吸いながら、うれしそうに説明を始めた。

船造りはまず木を伐り出すことから始まる。これはプレダンで他の村へ行き、運んでくる。そして土台となる六メートルほどの竜骨用の木を手斧《ておの》で加工する。次に船首と船尾の木を加工し、木釘で竜骨に固定する。そして継ぎ足した竜骨に船の底にあたる板を足していく。これも木釘と椰子の皮で巻き、固定していく。この時船底がうまくカーブを描くようにするのが難しいという。これらはスケールなどを使わず、すべて船大工の勘頼りだ。

当時、船の製作は最終段階に入っていたが、その後の訪問で途中段階もじっくり観察できた。船造りは氏族ごとに行なわれ、従事者には船主から椰子酒と食事が振る舞われる。このプレダンの船主はアベルで、かつて泊まったロスメンの持ち主だった。彼は「ウワン、バニャック(金がとってもかかる)」と言って苦笑いしていた。

船体が完成すると、仕上げにペンキを塗り、舳先に目を描く。これはベトナムなどでも見られる慣習で、厄除けの護符の意味もある。私にはプレダンを家族のように思うラマレラの人々の気持ちが、その目に込められているように見えた。

ところで、船そのものの製作方法も面白いが、漁具の製作も独特だ。銛綱は鯨、大マンタ、小マンタ、ジンベイザメなど、獲物によってそれぞれ太さや長さが違う。中でもレオと呼ばれるマンタ用は神聖な銛綱として特別な手法で編む。綿を紡ぐところから始めるのだが、これは女性の役目だ。地元の女性は乗ることも許されない女人禁制のプレダン。銛綱作りとは言え、ここで唯一、女性が参加できるというわけだ。紡いだ綿はいくつかの工程を経て、糸玉になり、最後は男たちが船小屋で編んでいく。

ちょうど私はその現場に居合わせ、撮影することができた。三人の男たちがそれぞれ綿糸を持ち、上から吊《つ》った束をぐるぐると回しながら編み合わせていた。神妙な面持ちで作業するその姿は、単に綱を編むと言うよりも、儀式の一部のようにも見えた。実はレオ以外の銛綱、特に鯨用などはナイロン製のものも多くなってきている。しかしマンタ用のレオだけは必ず手間をかけて綿から編んでいる。そのあたりの理由をブリドーは一言で説明した。

「レオはナイロン製を使うことは有り得ない。レオは特別な綱だからだ」

実はマンタ用のレオは、ラマレラの漁師たちにとって神聖な存在だ。漁期の初めには、レオに聖水をかけて、浄めの儀式が行なわれる。取り扱いにも配慮がなされ、出漁中は他の銛綱や漁具と違い、その上に物を置くことは禁じられ、マトロスが触れる際にもとても丁寧に扱っていた。そして休漁期になるとレオだけがプレダンから持ち出され、一族の長の家に保管される。そんな大切なレオだから、ブリドーが言うように他の銛綱と違い、製作工程まで特別扱いしていた。鯨用なら分かるが、なぜ、マンタ用の銛綱だけが、神聖な存在となったのだろう。マンタ漁というのは、ラマレラの民にとって何か特別なことを意味するのだろうか。

統計を調べてみると、ここ一〇年を平均して鯨が捕れた数は年間一〇頭程度、それに比べマンタは毎年一〇〇匹も捕れていた。これだけでもマンタ漁がラマレラの人々にとって重要なことはよく分かる。しかしそれでも鯨に比べ食料としての貢献度は低い。鯨一頭の肉は、マンタ五〇〇匹に匹敵するからだ。私が推理するのに、ラマレラの銛打ち漁の起源は、マンタ漁にあるのではないかと思う。最初は船の上でマンタを突いていたが、やがてその発展形として、鯨にも手を出すようになり、今に至ったのではないだろうか。日本でも千葉の勝山で鯨を銛で突く捕鯨スタイルが存在したが、その源となったのは、カジキマグロの突きん棒だったとも言われている。マンタを突いていた時代の信仰が受け継がれ、その銛綱レオが神聖視されるようになっていった過程というのは容易に推測できる。

ラマレラ語でカフェと呼ばれる銛造りの現場も取材した。ラマレラの銛は獲物に刺さると、かえしによって抜けなくなり、五メートルほどの銛竿が外れ、銛綱で船と連結するようにできている。殺傷能力優先のいわゆる突きん棒的な槍《やり》のようなものではない。重要なのは一撃で獲物を仕留めることではなくて、銛綱が船と連結しても獲物から銛が外れないことだ。そのため銛の形状はT字型で大きなかえしがついている。獲物によりそれぞれサイズが異なり形も微妙に違う。ちなみに鯨用のカフェは全長が五〇センチあまり、かえしが七、八センチほどだった。

銛造りは金床で鉄を打つところから始めるが、ラマレラには鍛冶《かじ》屋はなく、これも氏族内の鍛冶を担当する者が作業を分担していた。私が撮影した時には、船小屋の前で若いマトロスが竹製のふいごを操り、鉄を熱し、それを金床の上に載せてゴリス・プアンというラマファが鍛えていた。作業は浜辺で行なわれるのだが、真っ赤に燃える鉄が鍛えられていく様子を観察していると、鯨漁に賭けるラマファたちの熱い思いが銛に乗りうつったかのように見えてくる。

ところで興味深かったのは鉄の原材料だ。何と市場のあるウランドニ村沿岸に戦時中沈んだ日本の船から取っているという。興味があったので、私ものちにウランドニへ行き、潜ってみた。どんな船かと思ったが、海底には鉄板が散乱しているだけで船の本体は跡形もなかった。それにしても思ってもみないところで日本軍が銛打ち漁に貢献していた。

さて、船がいよいよでき上がると、村人総出でお祝いをする。村のそこここで宴会が催され、椰子酒が振る舞われる。ラマレラの椰子酒はトゥアクと呼ばれ、椰子の木の花茎の先端を切って出る樹液を竹筒に貯めたものだ。一晩で何十リットルも採れ、ラマレラでは「椰子の木三本あれば、子どもを一人食べさせられる」と言われている。これは椰子酒で子どもが中学を出るまでの学費と生活費がまかなえるという意味だ。一人でちびちび飲むものではなく、大勢でひとつのコップを使い、廻《まわ》し飲みする。コップの中には蜂や虻《あぶ》が混じっているのがちょっと気になるが、村の男たちはうまく口元で漉《こ》して、うまそうに飲み干すと次へ回す。私も呼ばれ、順番が来ると、気づかれないように素早く手で蜂を払い、飲み干して次へ回した。発酵しているので炭酸が効いており、ほのかな甘みもあり飲みやすい。つまみはジャグンティティと呼ばれるトウモロコシを石で叩いてつぶしたスナックのようなものだ。固くてなかなか食べにくいのだが、実はこれはラマレラの人々にとって主食でもある。村人の朝と昼は、たいていこのジャグンティティである。

ペスタ（お祭り）には私も呼ばれ、肉ご飯をいただいた。肉類はラマレラではめったに口にできないご馳走だ。民宿での食事も質素で、夜は青葉の浮いたインスタントラーメンと白いご飯だけ。ごくたまにベンが所有するプレダンの「バカテナ」が捕ったエイや魚がつくくらいだ。しかし地元民はもっと慎《つつ》ましく、白米にトウモロコシを混ぜたご飯を食べている。ただ、トウモロコシご飯が食べられるだけでもいい方で、不漁が続くと、夕食はトウモロコシに塩だけという極限の献立になる。私は肉ご飯をありがたくいただいたが、豚肉にしてはどうも毛が多く、皮ばかりだったのが気になった。案の定、その夜、これまでけたたましく吠《ほ》えていた犬たちの声がずいぶん減ったことに気づいた。ご馳走の正体を知って、犬好きの私は、ちょっと悲しい気持ちになった。

さて、ペスタのしめくくりは、浜での水の掛け合いだ。無礼講なのか、男も女も子どものように水を掛け合ってはしゃいでいる。特にラマファのサンガはおちゃめで、獅子奮迅《ししふんじん》の活躍をしていた。しかも彼は用心深いので、誰にも水を掛けられていなかった。油断しているのを見て、私がこっそり後ろから近寄ってサンガに水を掛けると、村人は喜んで大騒ぎだ。サンガが振り返って「やられた！」という顔をして笑っている。こういう風に書くと、水掛けは単なるお遊びのようだが、最後に盛り上がった祭りの熱を冷ます、という儀式的意味合いもあるという。

山の民と海の民

五月。いよいよ船を出すレファの季節になった。ついに出漁開始かと期待していると、新しく建造されたプレダン一艘だけが、女、子ども、老人を乗せて浜から漕ぎ出して行く。女人禁制のプレダンに女が乗っているので、どうしたことかと尋ねると、今日だけは特別だという。

興味があったので、私もプレダンに同乗してウランドニへ行くことにした。幸い漁期はまだ始まっていない。女も子どもも、普段乗れないプレダンで航海できるせいか、とても楽しそうだ。船には椰子酒やトウモロコシ、魚などの食料が積んである。まるでピクニックにでも行くかのようだ。

船は白波が打ちつける切り立った海岸沿いを東へ半時間ほど進むと、岸近くに停泊した。漁師の一人が海に跳び込むと、泳いで岸へ行った。不思議に思い尋ねると、スンバヤン（儀式）だという。上陸した男がやがて泳いで帰ってくると、手にした竹筒から船に水を掛けた。水で浄め、葉を飾ることでこの船は初めて銛打ち漁に出ることができるようになったそうだ。古《いにしえ》より伝わる、伝統的な浄めの儀式だった。

儀式のあと、さらに半時間も船を走らせると、ウランドニの浜に到着した。生い茂るロンタール椰子の間から、この土地のトゥアン・タナ（土地の主）と呼ばれる男が現れ、出迎えてくれた。しかし、すぐに上陸するのではなく、ちょっとした話し合いをしている。話が終わると、やっと上陸が許可された。陸に上がると、トゥアン・タナからトウモロコシや肉などの差し入れがあり、木陰で皆が一緒に食べた。

歴史を辿れば現在のラマレラの住人は土着ではなく、のちにレンバタ島へ移住してきた流浪の民だと伝えられている。そのため、元からの住民とうまくやっていくためのさまざまな心遣いが慣習として残っている。おそらく上陸前に行なわれた儀式的な話し合いは、ラマレラの民がこの地へやってきた時の模様を再現しているのではないだろうか。そんな慣習のひとつだと思えた。儀式を通じて民族の過去の歴史が再現される、その様子は以前取材したスラウェシ島、トラジャ族の葬送儀礼を思い起こさせる。トラジャ族の葬儀でも船に乗って北からやってきた彼らのルーツが再現されていたからだ。

時期を同じくしてレファの初めに行なわれる鯨乞いの儀式もそのひとつだ。ラマレラの上方にラマヌという山の民の集落がある。ここからさらに上へ登ったところに鯨石と呼ばれる聖なる石がある。私には何の変哲もない六メートルほどの大石に見えたが、鯨に似ていると言えば、言えなくもない。毎年の鯨乞いの儀式はこの石の上で行なわれる。儀式を司《つかさど》るのは、ラマヌ集落に住むランゴウジョ氏族の長老であり、トゥアン・タナ（土地の主）と呼ばれるマルティネス・グレ老人だ。彼は鯨石の上に立つとさまざまな動物の鳴き声を真似、八百万《やおよろず》の精霊を呼ぶ。その呼び声は次のようなものだ。

「クルルルル」と鶏へ、

「アハアハアハ」と豚へ、
そして「アウアウアウ」と犬へ。

さらに水牛へも呼びかける。

「早く陸に帰ってこいよ」

ラマレラでは鯨はもともと水牛だったが、群れで浜へ水浴びに行った際に、何頭かは山に帰らずそのまま泳いでいってしまった。そうして水牛は鯨になったと語り継がれている。だからトゥアン・タナは鯨にもこう呼びかけているのだ。

「お前の生まれ故郷のラマレラへ帰っておいで」

ラマレラの漁師たちは、鯨が捕れると、お礼にその頭をトゥアン・タナに贈る。もう何百年も続いてきた慣習だ。鯨漁と信仰を通じて、先住民と新住民の関係が円滑になる仕組みができていた。

渡来伝承

海洋民族としてのラマレラの民に興味を持った私は、その起源を調べることにした。時々宿に遊びに来ていたデビッド・エバンに尋ねてみた。ベンのロスメンの裏庭は、丘から浜へ降りる裏道に面しており、人々が石段に腰掛け、よくくつろいでいた。ベンの伯父にあたるエバンもその一人だ。彼は齢《よわい》八〇過ぎ、かつてラマファとしてならしたこともある。ラマレラの歴史にも詳しく村人からも尊敬されていた。エバンは白髪で彫りが深く、やさしい瞳とおだやかな語り口は、長老という言葉がふさわしい。彼は淀《よど》みなく氏族の渡来伝承を語ってくれた。

「われわれの先祖はフローレス島のソゲパガというところに住んでいた。その村で、ある日大きな儀式が行なわれた。宴を張り、水牛を殺した。そのうちの一切れを木に吊るし、その周りで輪になって踊った。その時、突然その肉片から美しい女が立ち現れた。村人たちも驚き、先祖も浜へ逃げていった。

浜でほっと一息つき、腰を下ろしていた先祖は、沖をクラルが泳いでいるのを見かけた。

先祖はクラルに向かって叫んだ。

〝村は洪水にあったかのように混乱している。もう村に住むことはできない。どうかわたしをどこかへ連れて行ってくれないか〟」

高台からともに海を眺めながら、エバンは、まず一族がもともと住んでいた土地の出来事について触れてくれた。フローレス島はやはり東ヌサテンガラ州に属し、レンバタの北西七〇キロに位置する大きな島だ。一九九二年暮れの大地震で二〇〇〇人の犠牲者が出ている。

私がエバンのコップに椰子酒を注ぐと、丁寧にお礼を言い、おいしそうに飲み干し、言葉を継いだ。

「クラルはこう答えた。わたしの背に乗せるための木材を探しに行きなさい。あなたがその上に乗れるように。

先祖は木片を見つけ、持ってきた。一緒に水を入れた竹、昼食と夕食のために果物も携えた。先祖は木片を尻に敷き、クラルの背に乗った。縄を摑んで、肩にかけた。

出発する前にクラルはこう言った。

〝もしわたしが深く潜り過ぎていたら、もっと浮くように言いなさい。もし上がり過ぎたら、もっと沈むように言いなさい〟

水がちょうど先祖の膝あたりなのを確認すると、クラルは泳ぎ始めた。

泳ぎ始めてしばらくすると、やがてワイ・バクという土地へ着いた。

〝ここですか？〟

クラルが尋ねる。

〝まだです〟

先祖が答える。また泳いでいくと、スバ・タンジュン・ナガに着いた。しかし先祖はまたも否定した。さらにブロポへ行ったが、またも先祖は気に入らなかった。

そしてついにホカ・ブロロという土地へ辿り着く。先祖はクラルの問いに答え、ここそがわたしが探していた土地だと声を上げた。

先祖はクラルの背から降り、浜の石の上に上がった。その時先祖は足をすべらして転んでしまう。その際、竹筒の中の水がこぼれた。先祖は新しい浜の水を竹筒に注いだ。この水は、ファイ・ブロロと呼ばれ、ソゲパガという土地から持ってきたものだ。

この時から先祖はこの土地に住むことになった。またこの時より、すべての村人は結婚から四日目にはこの水のあるところ、すなわち浜に行き、髪を洗うという風習が始まった。また長男が生まれるとその子はやはり同じように浜で髪を洗うようになった」

ラマレラには一九の氏族があり、それぞれの出身から大きく三つのグループに分けられることは前に書いた。そして三つのグループそれぞれに渡来伝承がある。エバンの属するトゥファオナ氏族の伝承には恩人としてのヒゲクジラが登場し、そこからヒゲクジラへの信仰が生まれたようだ。

ソゲパガというのは、フローレス島中部にある土地の名前で、エバンの属する氏族はこの土地からやってきたと考えられている。なぜソゲパガを離れたかは明らかではないが、やはりこの伝承からは、戦争など、何らかの争いが原因で、去ったと考えられる。その後、流浪を続け、紆余曲折《うよきよくせつ》を経て、安住の地、ラマレラに辿り着く経緯が彼の話から読み取れる。

ラマレラの浜へ着いた時、石の上に上がったというのは、キリスト教化される前のラマレラの石信仰に通じるものだろう。今でも石柱がラマレラには残っている。そしてその昔は、海水を聖水として儀式に用いたと考えられる。ちなみに長男が生まれると、浜で髪を洗う風習は今や廃れているそうだ。

私はとても貴重な話をしてくれるエバンに、椰子酒のつまみとして、ベンがくれたエイヒレを差し出した。食事に出されるマンタは不味いが、乾燥させたこのエイヒレだけは、ちょっと臭みがあるが、私の好物だった。エバンはこれもうまそうに頬張ると、上機嫌になって、民宿の丘から、海に向かってクラルを呼ぶジェスチャーまで再現してくれた。

ところで、ラマレラの鯨漁はほとんどがマッコウクジラやオキゴンドウ、シャチなどで、ヒゲクジラは襲わない。インドネシアにはソロー島にラマケラという村があり、ここではエンジンボートを利用した銛突きによる鯨漁を行なっている。しかし、ラマケラの獲物はヒゲクジラだけで、なぜかマッコウクジラは狙わない。エバンはその理由をこう説明する。

「ヒゲクジラは恩人だ。フローレスからこの村まで先祖を連れてきたからだ。一族はヒゲクジラと祖先を誇りに思っている。だからラマレラの民はヒゲクジラを銛で突いたりしない」

すると、横で話を聞いていた坊主頭の老漁師がエバンに向かって口を挟んだ。

「しかし、お前だって怒っているじゃないか。ここのところ現れるのはヒゲクジラばかりで、マッコウクジラが全然来ないと」

怒っているのはエバンだけじゃないよ。私だって。

ヒゲクジラ科に属するシロナガスクジラは、エバンの属する氏族では確かに神聖な存在だ。しかし他のクランではそうした伝承は聞かなかった。ではなぜシロナガスを捕らないのか。

ひとつにはシロナガスクジラのような最長三〇メートルにも及ぶ地球最大の生き物は、どう考えてもラマファの手に余る。大き過ぎて、プレダンで捕れるとは思えないからだ。それは容易に想像できる。しかしヒゲクジラはシロナガスだけではない。ラマレラ周辺の海にはミンククジラや、ニタリクジラという比較的小ぶりなヒゲクジラ類も頻繁に回遊してくる。その疑問を、違う氏族に属するラマファにぶつけてみたことがある。

「沈むんだ」

と彼は答えた。皮が三〇センチもあるマッコウクジラと違い、ヒゲクジラの皮膚は八センチほど薄い。そのため水より比重が重く、死ぬと海中に沈んでしまうそうだ。そうなるとエンジンもない全長一〇メートルの帆船で曳鯨《えいげい》するのは至難のわざだろう。

ただ例外として、ラマレラの恩人であるはずのクラルを一度だけ突いたという記録がある。一九七五年、ソゲテナというプレダンは一〇メートルほどの比較的小振りなクラルを仕留めている。実はソゲテナの属する氏族にはそうした伝承がなかった。この出来事にクラルの伝承を持つ氏族のグループは戸惑った。少数の人はクラルの肉を食べることを拒んだ。しかし、クラルはそれ以来村の食卓に乗ったことはない。だが、エバンに当時の感想を尋ねると、一言だけ答えがかえってきた。

「美味かった」

ラマレラの民はしたたかだ。

日本軍占領時代

ところで捕鯨数の減少に悩むラマレラの民だが、不思議なことに日本軍の占領時代には、毎年五〇頭前後の鯨が捕れたという。戦争が鯨の行動に影響を与えたのだろうか。少なくとも日本兵はラマレラの捕鯨の邪魔をしなかったことだけは確かなようだ。

私は戦争中の日本人とラマレラの関わりに興味を持った。現地の人によると、日本軍のレンバタ島の占領は終戦までの三年半で、このあたりの島々では熾烈《しれつ》な戦いが繰り広げられたという。戦争は完全な過去にはなっておらず、当時兵役に取られた漁師も村におり、ウランドニの近海には当時沈んだ日本の船が今も放置され、カフェ（錻）の材料として利用されている。一番気がかりだったのは、日本軍による虐待や暴行、略奪がなかったかだ。

「プクル（殴る）、プクル、もうプクル、プクル。言うことを聞かないと、殴るんだ」

六〇代のいかついラマファのコリは、顔をしかめていかにも痛そうにその時の話をした。日本軍のスパルタ教育はのんびりと暮らすラマレラの村人にとって受け入れがたいものだったに違いない。

「日本人は村人に綿を作らせ、若者を徴兵した。規律に従わない者には体罰を科した。村の呪《じゅ》術師《じゅつし》を殺したが、他に殺された者はいなかった。呪術師は特に嫌われたようだ。日本人の良い点は盗みをしなかったことだ」とエバン。

「ヒロシマに爆弾が落ちたと言って日本兵がしょんぼりして帰っていった」

と語ってくれたのは、引退した老漁師。広島、長崎のことはこんな辺境の地でもよく知られていた。彼によると、かつてラマレラに駐留した兵士が最近訪れたという。昔のことは水に流し、お互い涙を流して再会を喜んだそうだ。ただ、彼は、こんなこともポツリと言った。

「しかし、補償はいつ来るのかな。スンバ島には来たそうだが」

「この村に駐留した日本軍に限って言えば、それほどひどいことはしなかった。占領したのは海軍で、イギリス式の訓練を受けていたから。ひどいのは陸軍らしかったからね」

とは、ラマレラ出身で、日本でインドネシア語を教えているドミニクス・バタオネ氏。

しかし、どうぞ遠慮せずに話してくださいと促すと、船大工のブリドー老人は白くて太い眉をしかめつつ、当時のことをかなり詳しく教えてくれた。

「戦争中の思い出は、演習の際に褌《ふんどし》を締めさせられたことかな。とても恥ずかしかった。でも慣れたら平気になったよ。

日本人をどう思うかって？　日本人は嘘つきだった。トランプなど賭けで負けても金を払わない悪いやつもいたよ。でも日本人はむやみやたらに人を殺したわけじゃない。二人の村人が殺されたが、彼らは一人が泥棒で、もう一人は山に放火したからだ。

ただ、〝あたらし〟という兵隊はある女を見初《みそ》めて連れていこうとしていた。彼はその女が住むケダンという兄の家へ行ったが、ケダンは妹をすでに安全なところへ逃がしていた。〝あたらし〟は怒って、ケダンを殴ったのを覚えている」

女性に関しての事件はその一件だけのようだった。他には、日本軍がここで太平洋戦争中によく言われるような残虐行為をしたという証言はなかった。日本兵の殺人についての証言にくい違いはあったが、当初予想していたほど心証が悪くはなかったのでほっとする。もっとも、私が日本人のため、遠慮があるのかもしれないが。

「今の日本人は昔の日本人と違うんだってね。え、そうなんだよね」

ある老漁師はそう言って微笑んだ。

サンガのプレダンに乗船

「風がないと海に浮かぶ板切れも同然だ」

凪いだ海を見つめながらサンガは呟《つぶや》いた。椰子の葉で編んだ帆は帆柱の下にだらしなく垂れ下がっている。銀色に光る縞《しま》の絨毯《じゅうたん》を敷き詰めたような海の上で、沖に出た七艘の帆船はどうすることもできず立ち往生していた。

私は村で一番のラマファと評判の、バタオネ氏族のラマファ、アロウィス・サンガのプレダン、ジャワテナに同乗していた。鯨漁が取材の目的だが、一番興味があったのは、もちろん鯨を追う人間の姿だ。サンガと時間をともにすることで、ラマファの心の内を知りたかった。

サンガのウェーブした髪には白いものが混じり、日焼けした顔には深い皺が刻まれていた。しかし一八〇センチを超える長身と、鋭い目からはラマファらしい殺気がみなぎっていた。三〇年以上の銛打ち経験と、技術、体力、どれをとっても誰もが優れたラマファとして彼のことを認めていた。

波のない海は驚くほど静かで、マトロスたちのいびきだけが水面を伝わっていく。サンガは足下に目を落とし、錆《さ》びついた銛を見て呟いた。

「もう、ずいぶん使ってないな」

聞くと、昨年はとうとうこの鯨用の銛は使われなかったという。鯨が出ない間、ラマレラの漁師たちはもっと小振りな銛を使い、モクと呼ばれる小エイやジンベイザメなどを突いてしのいでいた。

サンガの様子を観察しながら、彼はこんな風にしていったいどれくらいの時間、鯨を待つことに費やしたのだろうと思う。初めてプレダンと呼ばれる漁船に乗り込んだのは一五歳の時だと聞いた。二七歳になるまで帆を上げたり、櫂を漕いだりして修業を積んだ。そして二七歳になった時、ラマファの父親から、銛を預けられた。

「この銛一本に村人の命が懸かっているんだ」

父親のその時の言葉は今も耳に残っていると、サンガは言う。

鯨が一頭捕れれば、その肉は漁に参加したいくつもの氏族へ行き渡る。その肉はラマレラのさまざまなシステムを通じて村中を巡り、海からの大きな幸は村人を飢えから救うのだ。それだけに鯨捕りの村ラマレラでは、ラマファは英雄とも言える存在だ。

彼は自分自身のことを、英雄だとはもちろん言わなかったが、その言葉は誇りに満ちていた。

「ラマファとして銛を手にして三〇年が経った。捕った鯨の数は三〇頭くらいだろうか。今でも初めて鯨を仕留めた時の印象は鮮やかだ。

一〇メートルはある若い雄だった。息をひそめてあとを追い、尾ビレの付け根にある動脈めがけて跳びかかり、ズブリと銛を突き立てた。鉤形の銛が厚い脂肪を突き破り、動脈を貫いた感触はまだ両手に残っている。鯨は浜にまで届くほどのでかい悲鳴を上げて、次の瞬間船を何メートルも水中に引きずり込んだ。上がってくるのを待って、何度も銛をいやというほど突き立てたよ。

ついに鯨が死んで海の上に腹を出した時は、うれしいと言うよりも、ほっとしたという気持ちが先にたった。ラマファとしての責任をやっと果たし、皆から一人前と認めてもらえるからだ」

名人サンガといえども、初めて鯨を捕った時はよほど緊張したようだ。その日は鯨との格闘が日暮れまで続き、気がついたら、暗くて岸が見えなかったという。そんな時、電気のないラマレラでは女たちが浜辺にかがり火を焚く。灯台のように海を照らし、船を導くのだ。夜更けに鯨を曳《ひ》いた船が帰還すると、村人が総出で迎えてくれた。ぶっきらぼうで、厳しかった父親がその時ばかりはサンガを抱きしめてくれ、彼も思わず涙したという。

サンガによると、当時は船の数も三〇ほどあり、鯨漁は常に競い合いで、自分の船が一番銛を入れるのさえ大変だった（一番銛を入れた船がその鯨を仕留める権利を持つ）。ところが最近、船はあっても乗り手がいない。若い者が皆、他の島に出稼ぎに行くためだ。

「立派な船が浜で野晒しになっているのを見るのはつらいもんだ」

そう嘆いた。

ざわざわと海面が波立つ音が聞こえてきた。

「ルンバルンバ（イルカ）だ」

サンガには見ずとも分かるらしい。凪になるとイルカは背ビレだけを水上に出し噴気を上げて群れることがある。その呼吸音が独特なのだ。プレダンがイルカを突くこともあるが、イルカは賢くて、あと一漕ぎという距離まで接近しても、素早く方向転換したり潜水したりするため、狩りが成功する確率が非常に低い。凪で物音に敏感になっている時など、ほとんど不可能だ。イルカに比べるとシャチやサメの方がよっぽど楽だという。

「襲われる危険があるので、サメの時は船の上から銛を投げつける。サメは自分の力を過信しているのか、すぐには逃げないのだ。ただ、中には止めを刺したと思って船に揚げたところ、嚙《か》まれた男もいたよ。そのせいでその男は今も片足を引きずっている」

そう言ってサンガは顔をしかめた。

「ただ、サメなんていくら突いてもたかが知れている。鯨がないと物々交換ができず、トウモロコシも食うことができない。村にはろくに作物も実らないからだ。村はもう何百年も前からクジラで食っているわけだ。日本軍が入ってきた戦争中だって絶えたことがない」

イルカが水音をたてて去っていったのち、帆がはためき始めた。少し風が出てきたようだ。

船団がゆっくり旋回を始めた。風のある間に少しでも浜に近づこうとしている。陽は真上にあるが、この程度の風だと、鯨を突いても陽のあるうちには帰れないからだ。

サンガは舳先の上に立ったまま辺りを見回した。目は常に獲物を探している。この舳先に立つという技術はラマファになるための最低必須条件だ。海が荒れると細い舳先に立つのは容易ではなく、ラマファになりたい若者が最初に直面する関門となる。

村には一四艘の船があり、それぞれ一〇〜一五人のマトロスがいる。そのうちラマファになれるのは一艘につき一人だけである。世襲制が基本とはいえ、能力がなければ、ラマファの息子といえども櫂を漕ぎ、帆の操作や垢汲み、獲物の見張りをする一マトロスとなる。

サンガは五〇代半ばとはいえ、どんな荒波でも長い銛を手に立つことができた。風景に溶け込んだその立ち姿を見ていると、時化の中、激しく揺れる舳先で立つという行為は、単にバランスを保つという能力ではなく、鯨人の心と体が波と一体になることのように思えてくる。

やがてサンガは今日の獲物をあきらめたのか、腰を下ろした。低い位置から水平線のすみずみまで休みなく見回している。サンガに限らず、ラマファは皆例外なくいい目をしている。子どものころから獲物を探して毎日海を疑視しつつ育ってきたのだから当然かもしれない。大平原に暮らすモンゴルの民のように極度の遠視で、字を読む時には老人のように遠目でないと判別できないが、海の上では一キロ先のマンタの飛翔も見逃さない。そして目はラマファの命でもある。サンガと同じような歳で、まだ元気なのに銛を置いた男たちのほとんどは視力が落ちたせいだ。

サンガは先ほど釣った飛び魚を足下から拾い上げた。その眼を掻き出し、生のまま飲み込んだ。

「こうすればいつまでも目が衰えないんだ」

死んだ父親から教わったという。サンガには今年二四歳になる息子がいる。

「ステファンが一人前になるまでは、まだ安心して銛を置くわけにはいかない」

そう言って笑うと、目をくり抜いた飛び魚を足下に放り投げ、椰子の葉で巻いた煙草に火をつけた。煙が船の後方へたなびいていく。

「あと一時間もすれば風が自然に浜に運んでくれるだろう」

そう言うと、サンガは少しうつらうつらとし始めた。

それから一〇分も経っただろうか、波の音に混じり、遠くから噴気音が聞こえてきた。私は驚いて飛び起きた。見渡すと、サンガもマトロスたちも皆目を覚ましている。鯨だ。海を見渡す。しかし姿が見えない。少し波が高くなった海では、そこここで上がる白波が見えるだけだ。マトロスたちはじっと待った。五分もしただろうか。水面が盛り上がり、黒い巨大な背が姿を現したかと思うと、空中高く潮を噴き上げた。再び大きな噴気音が空気を震わせた。

二〇メートルを超えようかというクラル（ヒゲクジラ）だ。私は興奮したが、サンガはため息をついていた。クラルは口先が鳥のように細い。マッコウクジラは頭が非常に大きく、潜水艦のように出っ張っている。体形の違いは近寄らないと分からないが、遠目には潮を噴き上げる方向で見分けられる。呼吸穴が頭寄りにあるマッコウは潮を前に向けて噴く。それに対してクラルは真上に、二股《ふたまた》に分かれるように噴き上げる。今、現れた鯨は真上に噴き上げており、紛れもなくクラルだ。それも大きさからシロナガスかもしれない。ラマレラの男たちはクラルに手を出さないことは先に述べた。

クラルの泳ぎは豪快だった。バタフライのように浮沈を繰り返しながら進むのだが、その度に巨大な飛沫が上がり、大きな波が起こる。しかも相当な速度だ。プレダンでは、手に負えないのがよく分かる。クラルはやがて尾ビレを振り上げると深く潜水した。

サンガはじっとその様子を見つめていた。クラルが今度浮上するのは半時間ほど先になると読み、その浮上地点を見定めるという。帆船を操っての鯨漁ではいかに鯨に追いつくかが最大のポイントになる。鯨が潜っている間、潮流を読み、あらかじめ浮上地点近くへ先回りしなければならない。クラルを追うつもりは毛頭ないが、その浮上地点から、深いところの潮流を探るという。その間にジャワテナは再び沖へ方向転換していた。風が出てきたので、もうしばらく漁を続けることにしたのだ。

南のチモール島の方向へ一〇分ほど走ったところ、ジャワテナは水面を泳ぐマンタを見つけた。黒いマンタは水面下では翼を広げた巨大な青い飛行体のように見える。マンタは東から西へ、潮流に身をまかせるようにゆったりと泳いでいた。大物だ。翼の端から端まで五メートルはある。ブレランだ。先に述べたが、このように四畳半はあるような大きなマンタはブレラン、ひとまわり小さいものはボー、そして一メートル半程度の小ぶりなエイはモクと呼んで、銛や銛綱をそれぞれ使い分ける。

サンガは仲間に号令をかけた。皆、懸命に櫂を漕ぎ始める。サンガは鯨用よりは少し小振りのブレラン用の銛を、やはり多少短めの竿に嵌め込み、舳先に立った。銛綱や銛竿も、ブレラン用に手早く取り替えられる。船は風を孕んだ帆と櫂で少しずつ加速してゆく。

マンタがプレダンの舳先から五メートルほど先まで近づいてきた。まだプレダンには気づいていないようだ。素早く船の帆が緩められる。ブレランは鯨より遥《はる》かに小さいが、その推進力は凄い。一〇メートルもあるプレダンでも帆を上げたままでは簡単に倒されてしまう。小ぶりなモクの場合は帆を下ろさないのだが、ボーやブレランという強敵の場合は危険なのだ。

サンガは舵《かじ》を西へ取るように号令した。プレダンの一番後ろにいる舵取りが、横広がりの太い櫂を水中に差し入れ、プレダンを右方向へ回す。マンタは動きが素早い上に、海上にいる時間が短いのでタイミングが難しい。浮上しても、すぐに潜るからだ。プレダンが方向転換するのと同時にサンガは長い竿をいったん前倒しに傾け、反動をつけて上に振り上げると、マンタの背ビレめがけて跳びかかった。

三メートルほど跳躍しながら、サンガは全身の体重を銛の先に集中させた。マトロスたちは固唾を呑んでそれを見守る。落下すると同時に銛先はズブッと鈍い音をたててマンタの分厚い肉の奥まで叩き込まれた。サンガはそのまま足でマンタの背を蹴ってその後方に体をのけぞらせた。

激しく翼を振り回すマンタの一撃を避けるのと、銛に繋《つな》がれたロープに体が絡むのを防ぐためだ。マンタに殺された漁師の数は鯨による犠牲者を上回り、中には七〇〇キロの巨体を振り回して抵抗するマンタの一撃で頭を割られた者もいる。しかし事故の大半は細いロープに足や手を絡ませてしまい、水中深く潜るマンタに引き込まれて溺死《できし》するケースである。また、エイの種類によっては、その尖った尾で胸を刺されて死んだという記録もある。

マンタが綱を引きながら潜っていくのを確認しながら、サンガは素早く船の上に這《は》い上がった。サンガの助手は、銛綱をコントロールしつつ、海中へ繰り出していく。マンタは激しくのたうち回っているようで、綱が右左に波打つ。サンガは二の銛を竹竿に嵌め、次に備えた。

その時、遠くで先のクラルが水面に浮上し、ジャンプしているのが目に入った。これは西向きの潮を意味する。今日はマッコウが出るかもしれない。そう思いながら、私はマンタの方向に注意深く目をこらすサンガの姿をカメラに収めた。魚を追ってチモール島とレンバタ島の間を回遊するマッコウは、東からの海流に乗ってこの付近にやってくることが多いからだ。

やがてマンタが引く綱の力が弱ってきた。マトロスたちは掛け声を上げながら引き上げる作業に取りかかった。皆、顔を歪めながら懸命に綱を引く。いくら弱っているとは言え、何十メートルもの深みで抵抗するマンタを引き上げるのは大変な力仕事だ。皆は引っ張りながら、声を合わせ歌い始めた。掛け声と言うよりも、マンタに語りかけるようなその歌い方は興味深い。一二人のマトロスは力を合わせ、少しずつ綱をたぐり寄せていった。サンガは銛を構え、マンタが姿を現すのを待っている。

マンタが潜ってから三〇分近く経ったろうか、まるで怪鳥のような青く大きい影が水面下に姿を現した。間髪を入れずサンガは全身の体重をかけて跳びかかり銛を浴びせた。マンタは大きな翼を振り回してもがく。続いて他のマトロスたちも船上から次々と銛を投げつけた。めった突きになったマンタはそれでも死なずに水を跳ね上げている。

サンガは抜き手を切ってマンタのそばまで泳ぎ、長柄包丁を急所めがけて何度も突き立てた。それがマンタの最期だった。他のマトロスも海に跳び込むと、マンタの頭の部分を切り落とし、ロープをかけて引っ張り上げる作業に取りかかった。

七〇〇キロの巨体のせいで船が少しかしいだが、ある程度上がったところで、マトロスたちは解体作業を始めた。

流れ出る血で真っ赤に染まっていく船内を眺めながら、サンガは煙草に火をつける。

「鯨がなくともこれでしばらくしのいでいける。マンタは干せばいくらでも保存できる」

そう言って白い歯を見せた。

マンタを乗せたジャワテナは、帆を上げて、ラマレラの浜を目指す。マンタの重さで船体がかしいだままなので、スピードは遅い。皆で声を上げながら櫂を漕ぎ、勢いをつける。私もカメラを置いて、櫂を漕ぐ。合わせ木の間から浸水した海水に尻が浸かって少々冷たいが、そんなことは言ってられない。やがて西風が強くなり、漕ぐ手を止めて、船の走りは風に任せることになった。

海上を滑るように走るプレダン。走り去る飛沫を眺めながら、昨晩、鯨の骨のころがった浜辺でのサンガの話を思い出していた。椰子酒を酌み交わしつつ彼は事故の体験を自ら口にした。

「怖かったこと？　いつでも怖いよ。これまで何頭の鯨を捕ったか覚えてないほどだが、そのたびに怖いよ。挙げていけば、それこそきりがない。

ある時、大きな鯨に船ごと海の中に引きずり込まれたことがあった。銛を入れたところ、そいつは凄い勢いで船を引き回したんだ。危ない、と思った次の瞬間、何と船ごと海中に引き込んでいってしまった。

皆懸命に船から飛び降りたよ。ロープに絡まりでもしたら、そのまま一緒に引き込まれてそれっきりだからな。自分は他の漁師たちとともに海面に浮いて仲間の助けを待った。ところが仲間の船は鯨を追っかけるのにやっきで駆けつけてくれなかった。波もけっこう荒くて、ずいぶん長い間海の上に浮かんでいた。心細くなったよ。そしてやっと助けが来て、皆が船に上がったところ、一人、人数が足らなかった。びっくりして総出で探したら、海上に浮いているところをしばらくして発見した。でもその時にはもう死んでいた。どうやら鯨が暴れて船を下から突き上げた時に転んで意識を失ったらしい」

私は海を見つめた。陽の位置がかなり低くなったせいか、海の色は濃紺から鈍色へと変化していた。仲間とはぐれ、この暗い海の底を漂う孤独な漁師の姿が頭を過った。

彼は他にも鯨漁の犠牲者を教えてくれた。

サンガの船に乗っていたクラサという漁師は鯨の尾で頭を打たれて死んだ。何百キロもある尾に打たれれば人間などひとたまりもない。また、リマというマトロスがやはり尾で頭を割られたことがある。彼は幸いにも一命をとりとめることができた。

サンガのプレダン、ジャワテナだけでもそれだけの犠牲者がいた。プレダンは他にも十数艘あるから、合わせると相当な数になる。鯨漁は文字通り漁師と鯨の命を懸けた死闘と言えよう。そうした危険な状況で鯨と対決するラマファは、銛を打つ時どんなことを考えているのだろうか。

「銛を構えるまでは、村のことや家族のことを考える。何と言っても皆、飢えているからだ。失敗すると他のマトロスたちも怒るし、村人だって不満に思うだろう。プレッシャーは大きい。しかしいったん漁が始まれば、すべてを忘れ、鯨漁に集中する。鯨の急所は尾ビレの付け根の三〇センチほどの狭い範囲だ。そこに動脈がある。揺れる船の上から最高のタイミングで狭い急所に銛を打ち込まなければいけないからだ。

わたしのプレダンは常に一番速く走るし、最初に銛を入れることが多い。そういう時は他のプレダンがアシストに回る。他のプレダンのマトロスもジャワテナのように、いい船といいラマファに恵まれたいと願っているだろう」

サンガがこれまで捕った最大の鯨は長さ約一八メートル、体高が一・七五メートルとのことだった。公式に調査されたマッコウクジラの体長の最長記録が一八・五メートルだから、数字が正確だとすれば最大級のマッコウクジラということになる。

そんな優れたラマファのサンガだが、鯨漁の行く末については危惧《きぐ》している。プレダンには最低八人のマトロスが必要だ。これ以下になると、他の船の足手まといになるからと、出漁することが許されていない。

近年、ラマレラでは現金収入を求めて出稼ぎに行く若者も多い。高校や大学に進学するため他の島へ行く者もいる。そんな若者たちに五月から八月のレファだけは村へ戻って鯨漁に参加するようにサンガは呼びかけている。応じて帰ってくる若者もいるが、人手不足は否めない。サンガは五〇代だが、マトロスの中には、六〇代、七〇代の老人もいる。漁師たちの高齢化が進み、跡取り不足も深刻な問題になっているのだ。

そしてサンガ自身も、そんなラマレラの鯨漁の行く末を憂いつつ、二人の息子の進路を分けるという苦渋の選択をした。兄のミカエルを進学させて学校の教師に、そして弟のステファンをプレダンのマトロスにして、ゆくゆくはラマファとして育てることに決めた。

私たちの乗ったプレダンは、日が暮れて暗くなったラマレラの浜へようやく到着することができた。サンガが舳先に立って長い竿を海中に差し入れ、船が岩に接触しないようにコントロールする。船が岸辺へ近づくと、浜には帰りを待ちわびた女たちが待っていた。

片腕の元ラマファ

ラマレラを再訪した私は、ある大事な約束を果たさなければならなかった。アヌスという片腕の元ラマファに双眼鏡をプレゼントすると約束していたからだ。アヌスの年齢は五〇過ぎ。プレダンによる銛打ち漁で片腕を失い、今は現役を退いていた。いつも浜辺で漁の様子を眺めていた。話しかけたこともあるが、最初は気むずかしく相手にしてもらえなかった。しかし、長く滞在しているうちに多少は心を開いてくれるようになっていた。

ある日、彼と一緒に浜から海を眺めていたことがある。

「おっ、マンタが出たぞ」

とアヌス。

「えっ、何にも見えないよ」

と私。

「ほら、あの銛はマンタの銛だ」

海の彼方を行くプレダン。私にはプレダンの誰かが銛を構えているのかどうかさえ見えなかった。ラマレラの男たちは信じられないほど遠目が効くとは言え、アヌスは特別優れている気がする。毎日、浜から海を見ているせいだろうか。

前回の訪問で、そんなアヌスから今度来る時は、双眼鏡をもらえないかと言われていた。彼の家を訪ね、約束の品を手渡すと、彼はうれしそうに覗き込み、

「これでプレダンがよく見える」

と呟いた。

「アヌスには双眼鏡なんて必要ないだろう」

とからかうと、

「そんなことはない。これでもずいぶん視力が落ちたのだ」

とアヌスが白い歯を見せて珍しく笑った。この機会に、彼が片腕を失った経緯を尋ねてみた。

「俺は一三歳から漁師を始めた。一八歳からラマファに抜擢《ばってき》され、腕を失うまで二五年の間に一八頭の鯨を仕留めた」

一八歳でラマファというのはかなり若い。サンガでさえ二七歳で初めてラマファになったというのに。

「事故が起こったのは八三年八月一日のことだ。前の日に二頭のマンタを捕り、調子づいていた。その日の朝もブレランに銛を叩き込み、泳いで船に戻ろうとした。ところが、水をかく腕に綱が絡まってしまったんだ。次の一瞬には目の前が真っ暗になり、ブレランとともに海中に

引き込まれていた。足にブレランの体が触れていたのは覚えている。そいつにかなり深くまで引き込まれたよ。下に引き込まれるにつれ水温が低くなり、何も見えなかった。船上のマトロスの話では三〇メートルもある綱をいっぱいに繰り出したそうだ。

しばらくして俺がいないのに気づいた仲間はあわてて綱を切ったんだ。そうして浮上したところを助け上げられた」

私は彼に煙草を差し出した。一本手に取ったアヌスに、マッチで火を点けてあげると、大きく吸い込んで鼻から吐き出した。

「意識が朦朧《もうろう》としていたよ。一時間も潜った気がしたよ。実際は遥かに短かったのだろうけど。右腕に綱でできた傷があったけど、その時は大したことがないと思った。船の上で横になり、その日は漁を止めて浜へ帰った」

「何も治療をしなかったのかい?」

「もちろんしたさ。患部が膿《う》んできそうだったので、まじないの聖水をかけたり、薬草を塗ったりした。ラマレラには今も昔も病院なんてないから、そのままほうっておいた。普通はそれで治るんだ。ところが一週間したら、治るどころか、さらにひどく膿んできた」

そう言ってアヌスはなくなった右腕の周りを煙草で指した。

「どうしようもないんでフローレス島の病院に行ったら、このざまだ。すっぱり切り落とされてしまった。命を救うにはそれしかないって」

私はあえて何も聞かずに次の言葉を待った。

「こういう事故はよくあるよ。本当はラマファの助手が注意しなきゃいけない。でも恨んじゃいない。運が悪かったと思っている」

鯨漁に一番重要なのはチームワークであり、和だという。話が助手のことに触れると、アヌスは辺りを見回し、声を低くしていた。本来は、たとえ片腕を失っても恨み辛《つら》みを口にするのは御法度だ。和を尊ぶ村の掟《おきて》にそむくのだ。

ただ、彼が不満に思っている気持ちはよく分かる。マンタを突く際、後方で銛綱を操作するのは助手の役目だ。その助手の一番の注意点が、マンタの場合は銛綱がラマファに絡む事故を防ぐことなのだ。ちなみに鯨が相手の場合は、銛綱が船の舳先からサイドへ流れてプレダンが転覆することである。

重かった口を開いてくれたアヌスに礼を言って、彼の家をあとにした。この日以降、アヌスを浜で見かけると、海を見つめる彼の傍らにはいつも双眼鏡が置いてあった。

伝説のラマファ

　ところでラマレラにはこの時点で一四艘のプレダンがあり、それぞれにラマファがいた。どれが一番優れたプレダンか、どのラマファが一番優秀なのか、数人に聞いてみた。ところが誰からも口裏を合わせたかのような答えがかえってきた。

「皆、良い」

　どうやらラマファの格付けをするのは、よくないことらしい。そこで質問を変え、ラマレラの歴史上、最高のラマファは誰か聞いてみた。するとある老人は憧れを込めたような目をして水平線をしばらく眺め、そして呟いた。

「ボリ・ラパック」

　ボリ・ラパックは三世代前に活躍した伝説的なラマファだ。彼の手にかかると、まるでカジキや小さなマンタを突くように、いとも簡単に鯨を仕留めていたそうだ。その見事な腕前を目の当たりにした者は、もう村に数えるほどしかいない。

　エバン老人はこんな逸話を教えてくれた。

「漁師たちが皆で酒を飲んでいる時に、ある漁師が酔ってボリに言った。

〝ボリ、いくらお前が凄いラマファだとしても、人の助けがないと鯨を突くことはできまい。

でももし、お前が一撃、ただの一撃で鯨を仕留めることができたら、お前をこれまでで最高のラマファだと認めてやる。どうだ〟

あんたも知っているように鯨漁は何度も何度もしつこく銛を打ち込んで鯨に止めを刺す。一撃で殺すなどとても無理な相談だ。ところがボリは賭けを受けて立ち、漁に出た。そして鯨を物の見事に、たった一撃で突き殺したのだ」

そんな凄いラマファの写真を撮ってみたいものだ、と思っていると、エバン老人は聞き捨てならないことを呟いた。

「今も一人凄いラマファが残っている。彼もたった一撃で鯨を仕留めたことがある」

そのラマファは七〇歳を超えるハリという老漁師だという。ラマファは事実上引退したけれども、今もマトロスとしてプレダンで出漁しているそうだ。

私はさっそくラマレラの東側、浜から二キロほどの岬にあるウトンロロ集落のハリ老人の家を訪ねることにした。ちなみにラマレラB地区の船小屋が並ぶ浜に面した地域はラリファタ集落と呼ばれ、さまざまな儀式などが行なわれ、村のアクティビティの中心になっている。

ロンタール椰子の並ぶ海岸線を歩いていくと、右手に集落が見えてきたところで、子どもたちが群がってきた。

「ミスター・ボン、ミスター・ボン」

とうれしそうだ。

「パパ（ミスターのような意味）・ハリはどこ？」

そう尋ねると、手を引いて、案内してくれた。ウトンロロ集落は、ラマレラとウランドニを結ぶ一本道を南に降りたところにあり、藁葺きや、トタン屋根にレンガ造りの家々が並ぶ。ラマレラの浜沿いにあるラリファタ集落よりもさらに素朴な印象だ。

軒先にさばいたマンタを干す小さな家の玄関を入ると、暗がりから上半身裸のハリ老人が現れた。ハリ老人は私のことを海で見かけて知っているようで、大きく節くれ立った手でどうぞと手招きしてくれた。私は温かい言葉に甘えて、中に入った。

部屋の中に入り、木製の窓を開けると午後の陽光が差し込む。するとハリ老人の逞しい肉体が浮き上がった。逆三角形の黒光りする背中、引き締まり盛り上がった肩や胸、腹筋まできれいに割れている。その肉体に驚きながら年齢を尋ねると、七〇代半ばだという。そんな高齢でこれほどの肉体をした人間をこれまで見たことがない。老人と呼ぶのも失礼な気がしてきた。若い時はきっとボディビルダーも真っ青のすごい体つきをしていたに違いない。髪の毛こそ薄く、白くなってはいたが、深い皺の間から覗く眼は爛々《らんらん》とし、力強く輝いていた。その姿を一目見てこの老人はただ者ではないことが私にも分かった。

おみやげに持ってきた煙草を渡すと、「ああ」と礼を言って受け取り、木のテーブルの上に置いた。「どうぞ吸ってください」と勧めると、「いや、あとで」と言う。無骨と言うよりも不器用な第一印象だ。質問を始めると、ハリはとつとつと話し始めた。

「プレダンに初めて乗ったのは、一一歳の時だった」

つまり漁師歴六十余年ということだ。

「その後、ラマファになった。テチヘリという船だった。わたしが唯一のテチヘリのラマファだった」

ハリは両手を挙げて、銛を打ち込む仕草をした。体に比べてとても大きな手をしている。

「わたしは四〇年間ラマファを務め、六〇頭ほどの鯨を捕った。しかしつい三年前に引退した」

ラマファという仕事は高齢になると難しいのかと尋ねると、

「肉体的には今でも現役でやれるのだが、目が昔のように利かなくなったんだ。ラマファの重要な役目のひとつに舳先に立って、鯨や獲物を見つけるというのがある。あれができなくなった」

そして一撃で鯨を倒した時のことを話してくれた。

「あれはたまたまだよ。コテクレマ（マッコウクジラ）は呼吸をするため海面に浮かぶ。大体三〇分から一時間くらいかな。

中には変なやつがいて、腹を出してひっくり返って浮かんでいたりする。そいつの時もそうだった。そばまで近寄った時にごろんとひっくり返ったんだ。

わたしは脇腹のあたりにあるそいつの心臓に狙いをつけて、舳先から跳びかかると渾身《こんしん》の力を込めて銛を叩き込んだ。銛が厚い脂肪を突き抜けて心臓に達する手応えがしたよ。急いでプレダンに上がって、二番銛の準備をした。しかし、その必要はなかった。鯨はすでに息絶えていた」

マッコウクジラは、海面に浮上した状態で睡眠をとる。呼吸をするために噴気孔を水面から上に出し、ゆっくり泳いだり浮かんだりしながら眠ることが分かっている。ハリはきっとそんな状態の鯨に遭遇したに違いない。

そこまで話したところで、ハリの妻のマエが帰ってきた。白髪で目鼻立ちのはっきりした長身の老女だ。

「こんにちは」

と明るく日本語で挨拶をしてきた。びっくりしていると、「わっはっは」と大声で笑う。

「こんにちは、スラマトシアン。こんばんは、スラマトマラム」

「日本語上手ですねえ！」

と言うと、

「トリマカシ、ありがとうございます」

きれいな日本語とインドネシア語でまくしたてられた。日本語は戦時中に日本人から習ったという。何て陽気なおばあちゃんだろう。凄いラマファにはとても素敵な妻がいたのだ。そんなマエにラマファの妻としての心得を聞いてみた。

「家にいる時は夫の気持ちが安らぐように気を遣うのよ。だから決して乱暴な言葉遣いをしないようにするの。そして喧嘩《けんか》をしないことね。家庭に問題があると、海での事故につながりかねないからね」

よくしゃべるマエと寡黙でおとなしいハリ老人。なるほどこれなら問題は起きないかもしれない。

ところでハリは足を少し引きずっていた。鯨漁で負った怪我が原因だという。ラマファ現役時に一五メートル以上の巨大な鯨に遭遇した。鯨があまりに大き過ぎるので、ハリは跳びかか

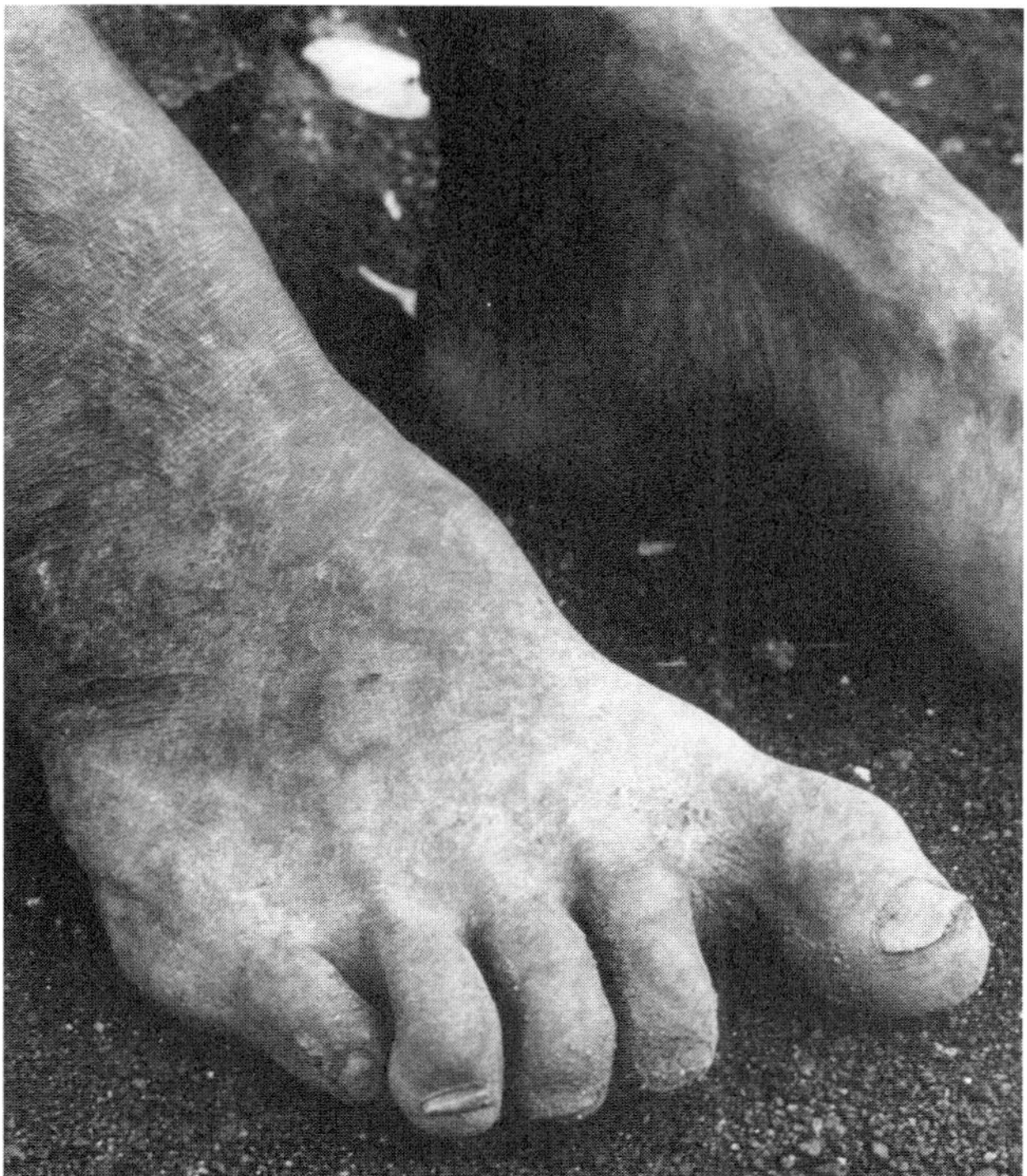

るかどうか、躊躇した。ところが周りのマトロスたちが強く促すので、しょうがなく跳びかかった。しかし、襲いかかった瞬間、鯨に跳ね返され負傷したという。そう言うとバツが悪そうにハリは下を向いて頭を掻いた。

マエはその姿を見て、

「ほんと、お人好しなのだから」

と困った顔をして笑う。

ハリは銛を置き、一マトロスとなった今でも鯨捕りの名人として若い漁師たちから一目置かれている。物静かで控えめな態度も本物の職人という印象を受けた。

戦争時代の日本の歌を歌ってくれる陽気な奥さんと冗談を交わしながら、ふと、ハリの大きな足に目をやった。すると右足の親指と人差し指の間が極端に開いているのに気がついた。左足は普通なのに右足だけ違う。尋ねてみると、プレダンの舳先に立っている時、指の間にいつも足場の竹を挟んでいたからではないかという。

六〇年以上もプレダンに乗ってきたラマファの足だ。私はその右足をフィルムに収めた。美しいと思った。

ＦＡＯの試み

ラマレラの突き漁の起源は四〇〇年前に遡るといわれる。鉄の釘を一本も用いず、木釘だけで板を組んだ船体と、椰子で編んだ帆だけで、鯨をはじめとした大物を追うプレダン。ラマファが手にするのは、手製の銛と、綿から紡いだ銛綱のみ。ラマレラの人々は、まるで太古の鯨人のように、押し寄せる近代文明とは隔絶し、伝統捕鯨を今に受け継いできた。しかし、この南海の孤島にもかつて大きな変化が起こったことがある。

それは一九七三年のことだ。国連のＦＡＯ（国連食糧農業機関）がラマレラの食糧事情を根本から改善しようと、ノルウェーから捕鯨船を送り込んできた。プレダンによる非効率な伝統捕鯨ではなく、砲台を備えた近代捕鯨船により大量の鯨を捕れるようにして、地域一帯の捕鯨産業を発展させようとしたのだ。

自立のためには村人の教育が不可欠だ。ラマレラに到着したノルウェーの捕鯨船員は七四年から地元の若者四一人に捕鯨船の操縦や、大砲の使い方を教え始める。ＦＡＯ八二号と名付けられた捕鯨船は、日本のエンジンを搭載し、ノルウェーの捕鯨砲を備えていた。その年のレファになるとラマレラ沖に初めて、捕鯨砲の音が轟《とどろ》いた。

近代捕鯨船の威力は素晴らしいものだった。これまでひたすら海上で待つだけの漁から、鯨を探し、追跡する漁へと変わった。しかも近海で群れを攻撃した時は、いつまでも去らない群れの仲間がいて、プレダンがおこぼれに与《あずか》ることも多かったという。

こうして七四年にはＦＡＯ八二号は七四年に三一頭を捕り、プレダンは二三頭を仕留めた。しかし鯨肉が供給過剰になり、ＦＡＯは途中で操業を停止する。鯨肉の多くが売れ残ったのだ。そして翌年はＦＡＯが二〇頭、プレダンが二一頭の捕鯨に成功する。

ここ一〇年ほどの統計では、ラマレラで年間に捕れる鯨の数は一〇頭にも満たない。数字的には成果が上がったように思える。しかし、机上で立てた安易な計画は現実に直面して齟齬《そご》を来す。援助の目的は現地の人々の自立と自給自足だ。物々交換中心で大した現金収入にならないラマレラの鯨漁では、必要な燃料を買う資金が確保できない。また故障した部品を海外から取り寄せるには一年以上の期間がかかり、通関の手続きもやっかいだ。外国人が永続的に援助を続けなければＦＡＯのプロジェクトは持続できず、ラマレラの近代捕鯨を独り立ちさせることは不可能だと分かる。結局ＦＡＯは七五年にラマレラを撤退する。今でもＦＡＯ八二号の残《ざん》骸《がい》はフローレス島の港で波をかぶっている。

ＦＡＯのプロジェクトは、当事者であるラマレラの人々の目からみてどんなものだったのか。今や船大工として尊敬されるブリドーも、当時ＦＡＯに育成された若手の一人だった。彼は当時を振り返ってこう語る。

「FAOについて、初めは何のために来たのか分からなかった。わたしはすでにラマファとしてプレダンの一員だったが、FAOのメンバーになった。

鯨は多数捕れたけど、捕鯨船があまりに遠くまで行くので怖かった。一頭の鯨を突くと、しばらくそのままにして、群れの他の鯨をプレダンに突かせてくれた。だからプレダンのマトロスも喜んだ。捕れた鯨は二等分して、半分は村に、半分はラマレラの周辺で売った。

ノルウェー人の銛打ちのパウルはとてもいい人で、可愛がってくれた。彼はラマレラA地区に住み、インドネシア語は少ししかできないが、身振り手振りで言ったことは通じた。彼は面白い男でガラスの容器を嫌がり、竹のコップで酒を飲んだ。ラマレラの男はみんな彼が好きだった。大食いで鯨の肉をたくさん食べるのでびっくりした。

二年間でFAOとプレダンは一〇〇頭近くの鯨を捕った。プロジェクトの期間が終わったので、去って行った。その時フローレス島のラマントゥカへ捕鯨船を持って行ってしまった。いったいFAOは何をラマントゥカで捕るのだろうと思ったよ。同じ時期に大砲による鯨漁を習った仲間たちもせっかく仕事を覚えたのにどうして去って行ったのか、不思議がっていた。あの捕鯨船はうち捨てられて現在は使われていない、もったいないことだ」

「ＦＡＯはラマレラの人々にとって本当は迷惑だったのではないですか？」

と尋ねると、

「ＦＡＯが迷惑だなんて思ったことはない。ＦＡＯは村のしきたりもきちんと守り、トゥアン・タナにもちゃんと頭の部分をあげていた。プレダンによる漁も邪魔されることはなかった。それにわたしのプレダンが大変な目にあった時には助けに来てくれもした」

しかし、やはりラマファのサンガは否定的だ。

「鯨がたくさん捕れたのはありがたかった。でも、ＦＡＯが去った翌年は一頭も捕れなかった。きっと捕り過ぎたんだ。鯨は食えるだけ捕ればいいんだ。ＦＡＯは必要なかった」

後者が一般的な意見で、あまり肯定的な考えを持つ漁師はいなかった。

ラマレラでは、鯨漁は単に食料を得るためだけの役割を果たしているわけではない。獲物の配分ひとつとっても、船主にいくら、船大工にいくらと厳格に決められ、氏族のメンバーにくまなく行き渡るようになっている。漁から引退した年寄りも、そうした仕事につくことによって食べていける。言わば福祉も含めて、ラマレラの村社会が鯨漁によって成立している。鉄釘を一本も使わない昔からのプレダンを使用しているのは、そうした職人の仕事を奪わない側面もある。ゴリ押しの援助、近代化はそこまで考慮に入れてなかった。ＦＡＯの援助計画は結局ラマレラの社会をかき乱しただけで終わったようだ。

船大工、ガブリエル・ブリドーの人生

デビッド・エバンが高台にあるラマレラA地区の語り部なら、ガブリエル・ブリドーは浜沿いの集落、ラマレラB地区の歴史の語り部だ。白髪白髭、仙人のような風貌をしていながら、気さくでユーモアがあり、先にも触れたが、私の大好きな長老の一人だ。七〇代半ばの現在、プレダンにこそもう乗ることはないが、元ラマファでもある。頭脳明晰《めいせき》で、今もアタモラ（船大工）としてプレダン造りの指揮を執っている。そんな彼の問わず語りに耳を傾けると、FAOだけではなく、近代のラマレラの歴史が浮かび上がってくる。

「わたしが生まれたのは一九二〇年だ。生まれた月日は分からない。ラマレラには文字がないからね」

ラマレラで使われている言語はラマホロット語というオーストロネシア語系の言語のひとつだ。ラマホロット語は、ラマレラのあるレンバタ島をはじめ、フローレス島の一部やアロー島、ソロール島など東フローレス県で広く使われている。ちなみにラマレラ村の山の民の集落、ラマヌで話されているのもラマホロット語だ。インドネシアの他の多くの島々の言語同様、文

字を持たず、村人は学校で初めて公用語であるインドネシア語を学ぶ。そのため教育を受けていない人や、日本軍占領時代に就学していた村人はインドネシア語が苦手だ。ちなみに私のインタビューは簡単な事柄はインドネシア語で、複雑な場合はロスメンの主人であり、英語教師でもあるベンを通し、英語からラマレラ語に直接通訳して行なわれた。

「わたしの父はラマファをしていた。わたしが二歳か三歳くらいのころ、母が難産で亡くなった。でも寂しくはなかったよ。家族がたくさんいたからね。当時のラマレラは今よりも集落の規模は小さかったけど、どこも一軒の家に五家族ほど住んでいたんだ。だから人口は今よりも多く、賑やかだった。村は少しずつ広がっていった。日本軍が来たころにカンポン・バル（村の新しい集落）ができたんだ。

宗教はそれ以前からほとんどの村人がカトリックだった。ラマレラで三年間学校へ通ったよ。学校の成績はとても良くて、ほとんどトップだった。神父も進学を勧めてくれた。わたしも鯨捕りになるよりも、学校の先生になりたかった。ララントゥカに先生になるための学校があり、進学を希望したけど、父が許してくれなかった。言い争いになった時、父は最後には癇癪《かんしゃく》を起こしてこう言い放った。

〝どうしてもララントゥカへ行きたかったら、プレダンごとララントゥカへ持って行け〟

そういう言い方は最後通牒《つうちょう》なんだ。友達は皆行ったのに、わたしだけ行けなくて、泣いたよ。学費はとっても安いのに」

私はブリドーの鯨捕りとしての経験について質問した。

「初めて海に出たのはナラテナという船だった。おじさんがラマファだったんだ。まだ小学生のころだ。ちょっと乗ってみるつもりだったのに、漁の際、鯨に引き回されて、沖へ流されてしまった。行方不明になって二日目には、村のプレダン総出でわたしたちの船の捜索をしたそうだ。船上ではみんな飢えと渇きに悩まされた。食料を持参してないからね。水も僅かで、喉《のど》が渇いた時には聖水まで分けて飲んだ。三日後に鯨を曳きながら何とか村の沖合まで辿り着くと、丘から見えたのだろう、浜からプレダンが現れ食料を運んでくれた。

捕れたのは凄く大きな鯨で、長さが二四メートル、体高が三メートルもあった。あまりに大きかったんで、よく覚えている。わたしの鯨捕りとしての履歴はそんな風にして始まった。今、思い出してもとても怖い経験だったよ。おばあちゃんがもう海へ出てはいけないと言った。

学校を卒業してから一年半は、ドイツの神父さんのもとで働いた。その後、プレダンのマトロスになった。ラマファになったのは一九歳の時のことだった。ラマファである父が、ある日わざとプレダンに乗らず、浜に残ったんだ。びっくりしたよ。しょうがなくその日はわたしがラマファをやるはめになった。ラマファは世襲制で、よっぽどのことがなければ息子が跡を継ぐんだ。もちろん、それまでいろんなことを父から教わったよ。具体的な捕り方はもちろん、一番重要な心構えを教えてくれた。

〝ラマファは自分のためだけじゃない。貧しい人、夫を亡くした人のために鯨と闘うんだ〟と。これは先祖代々続いている教えなんだ」

村人のため、貧しい人のため、弱い人のために闘う。表現は違ってもラマファの心構えについてサンガをはじめ、どのラマファに尋ねてもそのような答えが返ってきた。こうして書くときれいごとや建前のように思われるかもしれない。しかし、村人の間にそうした相互扶助の精神があるからこそ、ラマレラで鯨組とも言える社会が成立したのであろう。直接話を聞いていると、彼らが心からそうした言葉を口にしていることが伝わってくる。

「初めて鯨を捕った時は、とてもうれしかった。うまく鯨の脇腹《わきばら》にある急所を突くことができたんだ。父は何も言わなかったけれど、喜んでくれたと思う。でも一番喜んでくれたのは、ラマファでありつつ、アタモラになり、カフェ作りを学んだ時だった。アタモラというのはラマレラ語で頭の良い人というもともとの意味があり、村ではとても尊敬される立派な仕事なんだ」

当時の鯨漁と今との相違点を尋ねると、

「当時の三番銛以下は今とは違い、長い刃物の銛だった。だから鯨との距離をとりながら、深い傷を負わせることができた。たいてい一艘だけで鯨を仕留めることができたよ。今は何艘もかかって、何てことだ。情けない。わたしは通算で三十数回鯨を仕留めたが、助けを呼んだのはたったの三回だけだ。最初に助けを呼んだ時は、鯨を曳いているのにもかかわらず、鯨がまだ生きていたからで、普通はそんなことでもないと、呼びはしなかった」

鯨漁の事故については、

「わたしが経験した鯨漁の死亡事故は、バレオで一緒に海へ出たナラテナのマトロスが鯨の尾ビレではたかれて死んだことだ」

傍らで微笑んでいる妻に、危険な鯨漁に従事するブリドーのことが心配ではなかったかと尋ねてみた。

「怖くはなかったわ。浜からお祈りしていたから。ラマレラの妻は心を強く持ってなければいけないの」

「危険なことより、ひょっとしたら失敗するのではないか、捕れないんじゃないかと不安だった。銛打ち台に立っていても、本当に緊張したよ」

とブリドー。

彼は、そんな気丈な妻との馴《な》れ初《そ》めも語ってくれた。

「ヤコブスという親友が実は妻の婚約者だった。象牙《ぞうげ》まで贈ってほぼ結婚式が決まっていた。しかし、彼に他の女、アナスタシャができたんだ。そこで困ったヤコブスはわたしに結婚してくれないかと頼みに来たんだ。ヤコブスのことはとても好きだったんで、その頼みを引き受け、ラブレターを今の妻へ送った」

ラマレラでは、結婚する際に新婦の家へ象牙を贈る習慣がある。今でもランゴ・ベラと呼ばれる氏族の中心となる家へ行くと、大切そうに象牙が飾ってある。ラマレラに限らずインドネシアの島々では、なかなか手に入りにくい象牙を貴重な宝物としているところが多い。

ブリドーが笑いながら言葉を継いだ。

「わたしはとてももてたんだ。だから妻もうれしかったと思うよ。一年ほど交際して結婚したよ」

「うれしかったわ。親戚も賛成してくれたし。ヤコブスのことはもう何とも思わなくなったわ。でも象牙は返してあげなかったけど」

傍らにいた妻はそう言うと、声を出して笑った。

「そう言えば、結婚の時、象牙を三本も上げたのに、お返しがなかった」

とブリドーがぶつぶつ言い出した。それにしても貴重な象牙を三本も上げるとは、ブリドーの家はラマレラではよっぽど裕福だったに違いない。

「子どもは七人生まれ、三人が死んだ。長女のロサレオは、ドイツに留学するはずだった。ところがそのことを妬《ねた》んだ友達に毒を盛られて死んでしまった。まだ、一八か一九歳だった。死んだ日から六日間、わたしたちの氏族のプレダンは喪に服し、出漁しなかったよ。彼女のことが忘れられなくて、死んで三年後にナラテナをロサレオの名にちなんで、新たにサンタロサと名づけたんだ。初めてサンタロサに乗った時、感動した。いつも一緒に船に乗っているような気がするよ」

プレダンには、伝統的な名称とは別に、船に名をつけることがある。サンタロサはナラテナの別名となった。そんなところにもラマレラの人々が、プレダンを生きている人のように考える片鱗《へんりん》が窺《うかが》える。

ブリドーもまたラマレラの渡来伝承を語ってくれた。かいつまんで記述すると次のようになる。

「祖先はもともとフローレス島のエンデに住んでいた。ソゲレンパガという小島からシッカ（フローレスの南）に寄り、レオトビ（東フローレスの南）に移動した。シッカからレタバン、リシカを経て、ラマケラへ行った。しかし兄さんが密通したので、弟はラマケラに残り、兄はラマレラへ行った」

ブリドーの属する氏族は、ソロー島で今も鯨漁を営むラマケラの住民になったことが確認されている。伝承では密通という表現になっているが、その後何らかのトラブルがあり、一部の民がラマケラを捨て、ラマレラへやってきた。ブリドーになぜ移動したのか、と聞くと、

「オランダがポルトガル勢力を駆逐するのに伴って移動したのだろう。一六世紀のことだ」

とその歴史的背景まで説明してくれた。

ちなみになぜラマケラではヒゲクジラを捕るのか、ラマケラにゆかりの深いブリドーに尋ねてみた。

「それはラマケラが湾になっていて、クラルを追い込めるからだ。捕るのは七、八メートルの小さいクラルだけだ。クラルの皮はマッコウクジラと違って薄く、銛が突き抜けやすいのだ。むしろ、手負いのマッコウクジラは獰猛《どうもう》だから敬遠されている」

確かにヒゲクジラはマッコウクジラなどと比べて泳ぐのが速く、湾などへ追い込むことができなければ漁は難しいのだろう。ちなみに今のラマケラでは、エンジン付きの船でヒゲクジラを突いている。エンジンがなければ速度が速いクラルはとうてい捕れないだろう。ブリドーは

ラマケラについてこんな逸話を話してくれた。

「ラマレラがプレダンを一艘失ったことがある。それをラマケラが拾って、プレダンを真似て造った。そのことでラマレラとラマケラが喧嘩になったことがある」

ラマケラとラマレラというのは渡来伝承にあるように、昔から仲が悪いらしい。

「父が親戚の結婚式でラマケラへ行ったことがある。父はアタモラでもあり、ラマファでもあった。そこで、船造りを手伝うように頼まれた。しかし父は手伝いながらも嘘を教えた。木釘の並び方を平行にしたのだ。本当はラマレラのようにジグザグにしなければならない。その後、ラマケラではその船でマッコウクジラを捕ろうとしたところ、反撃されて、船を割られてしまったそうだ」

このあたりに来ると、ブリドーはうれしそうに声を上げて笑った。

ところで、ブリドーがアタモラとして常々不思議に思っていたことを神父に尋ねたことがある。

「プレダンの造りの悪いところをどうして鯨は狙って襲うのだろうか」

難しい質問に神父は一言、こう答えたそうだ。

「それは自然の神秘だ」

「自然の神秘」に負けないよう、ブリドーは常に船造りの時は手を抜かないように気をつけているという。そんなブリドーはラマレラではアタモラとしての信頼が厚い。他のアタモラに乞われて、本来は自分の担当ではない、他の氏族のプレダン造りにも手を貸している。

「今、造っているのはコポパカル、サンタカル、ボリサパンだ。これまで造っていたテチヘリ、ドルテナはもう止めた。今の若いやつはだめだ。中堅どころと言われるアタモラ、アベルやランベルもわたしがいないと一丁前のプレダンが造れない」

ちなみにプレダン造りのお礼は象牙一本が相場だという。ドルテナを造った時にもやはり象牙をもらったそうだ。

最後に、元ラマファとして、アタモラとして、その誇りについて尋ねてみた。

「ラマファの誇り、そんなものは特別にない。自分の氏族の若い人がラマファになってくれるのを願っている。自分自身よりもラマレラの社会のために、役立つという気持ちを持って欲しい。アタモラとしては、子どもで跡を継ぐものはいないので、親戚の子に技術を伝えていきたいと思っている。ラマファにしろ、アタモラにしろ、一人ではなく、皆で生きていく気持ちを忘れないで欲しい」

水中撮影の野望

ラマレラで鯨を待ち続ける膨大な時間を過ごす中、私はさまざまな撮影のアイデアを練っていた。そのひとつに水中撮影があった。海上で撮る鯨漁の映像は迫力があることは間違いない。暴れる鯨に銛を叩き込むその瞬間を水中で撮る。そして抵抗する鯨の姿をフィルムに収めることができれば、凄い映像になることはうけあいだ。ただ、初めてラマレラを訪れたころはダイビングの免許すら持っておらず、水中撮影と言っても雲を摑むような話だった。

今、振り返ると、笑い話にしかならないのだが、こんな試みを行なったことがある。沖へ出た際に、大きな石をふたつ持って、海へ潜った。シュノーケルと足ヒレだけの軽装備だ。沈んだところで、石をひとつ手から放す。そして、さらに沈んだところでもうひとつの石を手放して、浮上しようと試みた。

結果は悲惨だった。石が重いので、途中から支えきれなくなるし、海中でバランスがとれず、写真を撮るどころではない。ほとんど溺《おぼ》れかける始末だった。

その姿を呆れながら見ていたマトロスの一人に真顔で諭された。

「ボン、死ぬよ」

確かに死ぬかもしれない。海の中で鯨が暴れていたらなおさらだ。そして、こんなことも言われた。

「船に石を積んではいけない。事故が起きる元凶になる」

村には船から石を落としてはいけないという不文律があるらしい。二重の意味で、石を持って潜るというアイデアは却下された。

テレビカメラマンのビンセントにもかつて水中撮影の計画を話したことがある。彼は一笑に付した。

「水中撮影？　ボン、来る前はみんないろんなことを夢見る。でも実際にできることなんて僅かだ。それにそのプランはちょっと考えただけでも困難が多過ぎる。波や潮や、水の透明度の問題もあるし、鯨に嚙まれたらどうするの。第一、一人で海上と海中とどうやって撮るの？」

困難なことはたくさんあった。しかし、新しい試みに挑戦しようとする時、問題が起こるのは当然のことだ。過去を振り返っても、当初不可能と思われた撮影を何度か実現したこともある。今度だって、挑戦する前からあきらめることはない、そう自分に言い聞かせる。そして考えれば考えるほど、私の頭の中で水中撮影の凄い映像が膨らんでいった。水中でもがく鯨に襲いかかるラマファ。見たこともない、そんな写真がもし撮れればどれだけインパクトがあることだろう。毎日、沖へ出て、海を覗き込みながら、水中撮影の野望が頭に焼きついて離れなくなった。鯨を待ち続ける間、アイデアを何とか実現しようと、新たな方法を模索し続けた。

まずできることからやろうと、今回ラマレラを再訪する前に正式にダイビングのライセンスを取得していた。またエアタンクをはじめ機材もすでに準備してある。しかし、言うまでもなくラマレラでタンクにエアーを入れることはできない。これには悩んだが、幸い島の反対側にあるレオレバで真珠養殖の業者を見つけた。地元の業者が、かなり質は悪いがコンプレッサーを持っていたのだ。ここでとりあえずラマレラへ来る前にエアーを入れてもらった。ただ、レオレバまでは、週一回の定期船があるだけなので、事実上、エアーの補充は効かない。エアタンクそのものも、運搬が大変なので、購入したのは通常の半分の大きさのミニタンクだ。エアーを使い切ったら即終わりの、一発勝負となる。

とりあえず装備については解決した。残るは捕鯨現場の現実的な障害だけだ。

まず波。少々荒くても水中では関係ない。水中へのエントリーの障害にはなるかもしれないが。

潮。これは注意深く読めばいい。

透明度。ラマレラの海の透明度は良くない。特に横方向は五メートルくらいしかない。そこまで鯨に近寄るのは危険だ。視界が悪い海中で鯨を見つけることすら難しい。まして撮影となるとそれ以上の困難が予想される。だが、真下から上向きにシルエットで撮影すれば、少々悪くても写るはずだ。透過光ならどんなに透明度が悪い海でも、かなり先までクリアに見えるからだ。

では鯨はどうか。これは分からなかった。おとなしいマッコウクジラも手負いの状態では何をするか分からない。シャチより遥かに大きい、二〇センチ以上もあるその牙のような歯が脳裏を過った。とにかく考えていてもしょうがない。実際にやってみるしかない。テストのチャンスはすぐ巡ってきた。サンガが乗った船がジンベイザメを射程距離に捉えたのだ。

プレダンは帆を下ろして懸命に櫂を漕ぎ、ジンベイザメのあとを追っていた。波はそれほど荒れてなかった。私は地上用のカメラを構えながらも、潜水具を身につけた。サンガは気合いもろともサメに跳びかかる。その瞬間を撮影すると、すぐカメラをニコノスに持ち替え、私も海中に身を投じた。何とも忙しい。

水中に入ると、ラマレラの海は温かく、それが緊張を和らげてくれる。温度計を見ると二六度を指していた。透明度はあまり良くない。白いプランクトンのようなものが無数に流れている。サメの姿が視認できなかったので、海中へ突き刺さるように沈んでいく銛綱を目印に潜行していった。やがて、白濁した視界の先に、銛を突きたてられ、もがくジンベイザメの姿がおぼろげに見えてきた。

ジンベイザメはどうやら浮上しているようだ。下から見ると、今度はシルエットがはっきり見えた。そして尾ビレで水面を叩くと、また猛烈なスピードで潜っていった。新たな銛が打ち込まれたらしい。私も懸命にそのあとを追った。しかし下方向の透明度はやはり五メートルくらいしかない。乳白色の闇の中にサメの姿が消え、そのあとを銛綱が走っていく。綱に絡まったらこっちもアウトだ。少し距離をとって綱を見失わないように次の銛の瞬間を待った。

やがて巨大な影が白い闇から現れた。八メートルはあろうかという巨体だ。もがきながら今度は引き上げられていく。そのジンベイザメと至近距離で目が合った。予想もしない事態に、私も戸惑ってしまった。次の瞬間、思いがけない出来事が起こった。

もがくジンベイザメはこともあろうに二メートルはあろうかというでかい口を開けて、私の右の足ヒレに食らいついたのだ。いや、偶然絡みついたと言うのが正解だろう。ジンベイザメはその巨体にもかかわらず、プランクトンを食むおとなしいサメで、その口には米粒大の小さな歯しか生えてないからだ。案の定、ジンベイザメの口から私の足ヒレがスッポリと抜けた。そのジンベイの顔面を左足で蹴ると私は体勢を立て直した。

無念そうにジンベイはこちらに顔を向けたまま引かれて浮上していく。その姿はちょっと哀れでもある。私は水面に向けてニコノスを構えた。もがくサメの口からは血が噴き出している。

赤く染まった血潮をかいくぐるようにして、夢中でシャッターを切り続けた。

撮影は思ったよりうまくいった。これなら鯨の水中撮影も可能かもしれない。ただひとつの問題はジンベイザメと違って鯨には二〇センチを超える尖った歯がついているということだ。もしあの時嚙みついてきたのが、ジンベイザメではなく、鯨だったら……。

私はまた、悩み続けることになった。

死者の船

鯨を待つ日々は続く。三年目のある晩、私はいつものようにロスメンの庭から海を眺めていた。寝苦しく暑い日は、庭の木製のベンチで寝転んで、海を眺めながら寝るのが常だった。電気の通っていないラマレラの夜は波と星の世界である。ガスも水道も、もちろんテレビもない。しかし耳を澄ませば、そよぐ風、虫の鳴き声、波の音を楽しむことができる。特に月夜の晩は海面に映える月照を眺めるだけでも飽きない。その晩もラマレラの浜を眺めていた。すると、真っ暗な浜辺の波間にちらちらと光るものが浮いているのに気づいた。何だろう、と目を凝らすが、分からない。浜辺を人魂のような赤い灯りがゆらゆらといくつも揺れているのだ。

はっとして、背筋に冷たいものを感じた。鯨漁の犠牲になり、海に散っていった漁師たちの人魂かもしれない。危険な鯨漁で命を落とした漁師の数は少なくない。死んでもなお、浜を目指す男たちの執念が人魂となり、ラマレラの浜辺に漂っている。非科学的なようだが、その場にいると、そんなことがあってもおかしくはないように感じられる。

懐中電灯を手にすると、おそるおそる丘を降り、炎の揺れる浜辺へと向かった。波間に赤い炎がいくつも揺れており、目を凝らすと、浜辺には老婆が一人、中腰でたたずんでいた。老婆は揺れる炎を身じろぎもせずに凝視している。その先にはいくつもの炎が波間に揺れていた。老婆は帰らぬ夫を待ち続け、夫は人魂となって村へ帰ってきたのか。

近づくと、気づいた老婆は顔を上げてちらっと私を見たが、すぐ、海へ視線を戻した。私も暗い海の方を見た。相変わらず、人魂が波間に浮いている。人魂をこんなに近く、はっきり見るのは生まれて初めてだ。

「ウントック・オラン・マティ（死んでいった漁師たちだ）」

口を開いたのは老婆だった。

私は老婆の顔を見た。海を見たまま話している。南国の温かい夜風に身震いを感じた。

老婆は「プラウ、クチル」と続けた。

プラウはプレダン、クチルは小さいという意味だ。すべてが分かった。赤い炎は人魂ではなく、籠《かご》のろうそくに火をつけた鎮魂の灯籠《とうろう》流しだった。鯨漁で死んでいった漁師の魂を鎮め、これからの漁の安全を祈る、漁期の初めに人知れず行なわれる、ささやかな儀式らしい。

冷たいものはすっと引いていった。しかし人魂であろうとなかろうと、揺れる炎はまぎれもなく犠牲になった漁師の魂だった。私は合掌し、老婆のそばに座り込んだ。ちらちらと頼りなげに揺れる炎は、やがて黒い海に吸い込まれるように消えていく。炎の消えたあとには、ただ打ち上げる波の音だけが残った。

こうして潮騒を耳にしながら暗い海をじっと眺めていると、見たこともないのに、海で散っていったマトロスたちの顔が浮かんでくる。ふと、鯨はなかなか出てこないが、すぐに出てこなくてよかったのかもしれないと思った。貴重な体験のひとつひとつが実は壮大なドラマのプロローグのようにも思えてきたからだ。どこかで一〇〇〇メートルの深海に身を潜めていたマッコウクジラは、ゆっくりと重い体を起こし浮上を始めているに違いない。

カメラが夜露に濡れないようにバッグにしまい、私は浜辺をあとにした。電気のない暗い坂道だが、月明かりがやさしく足下を照らしてくれた。

第四章　鯨漁撮影

四年目の挑戦

一九九四年五月、再びラマレラ村を訪れた。四度目の挑戦だ。前年はチャンスに恵まれず、あきらめて帰国していた。今度こそという思いを抱いて、再挑戦にやってきたのだった。すると今回は、鯨との遭遇が思いがけず、すぐに訪れた。

いつものように浜辺で漁師たちと世間話をしていた時のことだ。誰かが「コテクレマ」と騒ぎ始めた。見ると、マッコウクジラがすぐ近くで潮を噴き上げていた。

マッコウクジラのことを英語でスペルム・ホエールという。スペルムというのは精液のことで、ずいぶんな呼び方だ。マッコウクジラの頭部にある大量の脳油を見た捕鯨船の乗組員が精液を想像したかららしい。しかし、こうしてマッコウクジラが威勢よく前方へ潮を飛ばしているのを目撃すると、それだけではないような気がしてくる。

鯨は悠然と浜辺近くを肩を切るようにして泳いでいる。漁師たちはそれを浜から悔しそうに眺めていた。もう午後四時を回っており、船を出すには遅過ぎる。しょうがないので私たちはただ指をくわえて見ているしかない。

そんな私たちをあざ笑うかのように、鯨は潜水と浮上を繰り返す。そして潜水艦のような頭頂部を水上に露《あらわ》にしたかと思うと、勢いよくまた噴気を上げた。その姿は正にスペルム・ホエールの名に恥じない勇姿だった。まるで挑発するかのように感じ、憮然《ぶぜん》としていると、傍らにいたラマファのゴリス・プアンが鯨から目を逸らさずにニヤリと笑った。

「ベソック（明日だ）」

五月一〇日。さざ波が海上を西から東へとゆっくり移動していく。逆に潮は東から西へかなり速く流れている。潮の流れを読むには水平線の濃淡や波頭、浜から見た船の位置から推測すればいい。風向きも東から西へ、帆船が走るにはほど良い強さで吹いている。

海上を一〇艘のプレダンが風を孕んで走る。先週は四艘という日もあったのだが、また数が増えた。昨日鯨が出たからだ。しかし今日はまだ鯨は姿を現していない。コンディションとしては非常に良くなっていた。地元の言葉でオレと呼ばれる東からの強い潮流は、鯨をラマレラ沿岸へ導くからだ。

南極、北極をはじめ世界中の海に分布するマッコウクジラは、南半球では五月から八月にかけて繁殖のため、温かい海へ回遊していく。ラマレラのあるレンバタ島とその約一〇〇キロ南東にあるチモール島との間はその移動ルートにあたる。

ルートは帆船の行動範囲を遥かに超えているので、すんなり移動できれば鯨にとって何の問題もない。しかしこの時期、時おり起こる東からの強い潮流は、北上する鯨をラマレラの沿岸へ押し戻してしまう。立ち往生した鯨はラマレラのプレダンの標的となる。行動半径の短い帆船による捕鯨が成立するにはそうした地形や海流の条件が必要であった。

もし今日のような日に鯨が出たなら、漁には絶好のコンディションと言える。潮が東からなので、鯨は流されて当然西へ行く。帆船は東からの追い風に乗ってらくらくと鯨を追跡できるだろう。だが、もし風が逆だったり、弱かったりすると、鯨漁の成功率は非常に低くなる。手漕ぎで長時間の追跡は不可能だ。

長いながい海上生活で、私も多少はラマレラの漁師のように潮や風、そして鯨のことが分かるようになっていた。波の遠くに起こる水の小さな波紋を見つけ、そこをマンタが泳いでいるのを、ラマファより早く見つけることもある。

すでに気の遠くなるような時間が過ぎている。今年で四年目。毎年レファのシーズンに訪れ、プレダンが出漁する日は一日も欠かさず、一緒に海に出て鯨を待ってきた。毎日最低でも八時間くらいは海に出ているから、通算するといったいどれほどの時間を費やしたことだろう。日本での忙しい時の流れを考えれば、信じられないことだ。待ち合わせの時間に相手が一五分遅れただけでもやきもきするところなのに、この「待ち合わせ相手」ときたら、どれだけ私を待たせたら気が済むのだ。そう言えば、日本で編集者やカメラマン仲間に鯨の取材にまた行くと言うと、皆、呆れていた。

　潮はいつの間にか西向きから東向きに変わっていた。明け方の潮が変わることはよくある。波は荒くない。風も西から東へ吹き始めた。鯨さえ出れば、悪い風ではない。ただ、この潮では鯨が出るかどうかが問題だ。

　午前一一時過ぎ。プレダンの東方二キロほどの海上で鯨が潮を噴いているのを発見する。それも一頭ではなく、群れだ。そして幸運なことに風下だ。プレダンは帆を下ろさず、風に乗ってあとを追う。櫂は漕いでいない。十分な風がある。私はエンジンボートのスロットルを緩めるように指示し、かなり距離を置いてあとに続いた。しばらくプレダンに追随すると、万全を期すため、エンジンを止めた。マッコウクジラはエンジン音を聞いても逃げないという。しかし慎重を期すに越したことはない。

　プレダンの一艘が数百メートルのところまで追いつくと、海から尾ビレが飛び出し、海上に水しぶきが散った。マッコウクジラがまた海中に潜ったようだ。今度、どこへ上がるか。その読みが勝敗を分ける。

　プレダンは向きを変えずに東へ進む。鯨の潜水地点へひたすら向かう。潮流は西から東なので、鯨の浮上地点はさらに東になると見ている。私はひたすら海上に漂って待つ。鯨の浮上地点を読むのは簡単ではない。海上での潮が西からでも、海中がそうとは限らない。反対方向の場合もあるからだ。

ラマレラ沖の深度は一〇〇〇メートル以上もある。深い海はマッコウクジラを呼ぶが、三〇〇〇メートルまで潜れるというマッコウの行動範囲は広い。海のほんの一部とも言える海上の潮流から、海底を泳ぐ鯨の動きすべてを予想することは難しい。

ところで、三〇〇〇メートルを潜るという哺乳類は、ほとんど想像を絶するとしか言いようがない。通常、人間はエアタンクと潜水具で五〇メートル、酸素タンクと防圧をした特殊潜水具でも三〇〇メートル程度しか潜れない。エアタンクに満杯の空気を入れて、水面下五メートルで四時間潜ることができても、五〇メートルではせいぜい一〇分だ。水圧で空気が圧縮されてしまうからだ。しかも圧縮された空気を長く吸うと人間は窒素障害を起こす。もともと海から進化した人類は、どうあがいても海に帰れない生き物になってしまった。そう考えてみると一度陸に上がり、海に戻った生物と言われる鯨が、三〇〇〇メートルの海に素潜り（当たり前だが）で一時間も潜行するというのは、驚異の技としか言いようがない。

ではマッコウクジラはどういうメカニズムによってそのような能力を発揮できるのか。まだ解明は進んでいないが、ここでは有力な説を取り上げる。

大型のマッコウクジラの巨大な頭には二〇〇〇リットルもの脳油が詰まっていると言われる。その昔、電気が発明されてない時代、ランプの油を求めて欧米の捕鯨船がマッコウクジラを追ったというあの油だ。ちなみにアメリカやスペインの捕鯨船はマッコウクジラから脳油だけを採ると、肉の部分はすべて海に捨てた。何とももったいない話だが、当時世界のランプ油をまかなったマッコウクジラは乱獲により激減した。

実はマッコウクジラのこの大量の脳油に潜水の秘密があるとされている。脳油の融点は二九度くらいと低い。この脳油を冷やしたり温めたりして体の比重を変え、浮上や潜水をするという。

まず浮かぶ時だが、深海の水で冷やされ、固く、高密度になっている脳油を温めるため、脳油器官をめぐる毛細血管に大量の血液を流し込む。鯨の体温は約三三度なので、脳油は溶け、密度が薄くなる。頭の比重が軽くなったマッコウクジラは、頭を上にするだけで浮上する。労せずして自然に海面に出られるわけだ。

海面に出たマッコウクジラはそこで三〇分くらい呼吸する。血液により温められた脳油はこの時液体状だ。潜る際には海水を鼻孔から脳油器官に導く鼻道へ吸い込み、脳油を急速に冷やす。冷たい海水により脳油は固形状になり、密度が上昇する。今度は比重が重くなった頭を下げれば自然に潜水していくという仕組みだ。

脳油をロウソクのロウのように溶かしたり固めたりする潜水のシステムは分かりやすい。さらに、一時間以上にも及ぶ長い潜水タイムについても科学的説明がついている。マッコウクジラは肺や血液だけではなく、筋肉の中に多量の酸素を貯えられる。だから潜水中でも筋肉に貯えた酸素を体内に供給できるわけだ。これは筋肉中にあるミオグロビンというヘモグロビンに似た物質が血管から運ばれてくる酸素と結びついて筋肉に酸素を与える役目をするためだ。マッコウクジラはそのミオグロビンの含有率が陸生哺乳類の一〇倍近くも多い。鯨の肉が赤黒いのもこのためだという。

しかしどうして深海三〇〇〇メートルの水圧に鯨の体が耐えられるのか。実は未だに謎だ。鯨の肺の中の空気は深海で極度に圧縮され、肺も小さくなる。マッコウクジラは肋骨《ろっこつ》の数が少なく、よく動くので肺が水圧で萎縮《いしゅく》してもその変化に対応しやすい。また厚い脂肪が鎧《よろい》のように体を覆っているが、水圧をそれによって受け止めることは不可能で、しかもその厚い脂肪層が水圧を受ければ、内臓に大変な圧迫がかかる。哺乳類がそのような状況で生きていくことは到底不可能なはずだ。こうなってくると、どうにも説明不能で、マッコウクジラの深海潜水の謎は深まるばかりだ。

そんな深海の鯨の姿を想像しながら私は祈るような気持ちで浮上を待った。しかし一時間近く経過したところで、プレダンはついに帆を翻して、ラマレラの浜へ向きを変えた。鯨を見失ったと判断したのだ。潜水した鯨は視界を越えたところに浮上したらしい。

ジョンソンが浜へ戻るまでの一時間はつらいものになった。

クルルスとケバコプカの悲劇

ところで、ラマレラでは、この年に大きな事件が起こっていた。プレダンは漁師、いや村人にとって命の次に大事な財産である。そのプレダン二艘を、鯨に引き回されたあげく失ったのだ。これは村人が記憶する限り、ラマレラの歴史始まって以来のことだという。当事者たちから取材した事件の顚末《てんまつ》は次のようだ。

三月一〇日、村の男たちは総出で道路工事をしていた。すると、昼ごろ、浜の方からバレオの声が上がった。バレオというのは「銛綱を引け、鯨が出たぞ」という合言葉で、マッコウクジラが沖で潮を噴いているのを女たちが発見したのだ。バレオコールがそこここで上がる中、男たちはつるはしを投げ捨て、浜へ駆け出す。手近なプレダンを押して跳び乗り、沖へ漕ぎ出した。

沖ではマッコウクジラの群れが潮を噴いていた。寄せ集めのマトロスを乗せた七艘のプレダンがそのあとを追う。通常はそれぞれの漁師の持ち船が決まっており、必ずその船に乗るわけだが、バレオのような緊急の場合はその掟に縛られない。

最初に銛を入れたのがナラテナという名のプレダンだ。三メートルの子鯨を一撃で仕留めた。続いてシナルソゲに乗っていた二三歳の若きラマファ、マティウスは一〇メートル級の鯨に銛を打ち込み、一時間の闘いの末に倒した。彼らはそのまま浜へ帰った。

しかし沖ではまだ闘いが続いていた。ケバコプカが先に捕らえられた子鯨の母鯨に銛を入れ、クルルスがそのアシストをしていた。ケナプカもテチヘリの協力でもう一頭の鯨と格闘していた。鯨漁は一艘では無理で、このように他の船の助けがあって初めて可能だ。

二頭はそれぞれ二艘ずつ東の海へプレダンをゆっくりと引っぱっていく。途中でケナプカの銛が外れ、鯨に逃げられた。そこでケナプカとテチヘリはケバコプカを引いている鯨に銛を打ち込む。一頭の鯨に四艘の船が次々と十数発の銛を入れた。

しかし驚いたことに、その鯨は、いっこうに弱る気配がない。それどころか日が暮れた後も四艘をぐいぐいと引き回し、格闘はとうとう夜半にまで及ぶ。

実は子連れの母鯨というのは、最も危険だと言われている。子鯨が襲われると必ず反撃してくる上、時には船の上のマトロスまで噛まれたり、プレダンそのものが頭突きで割られたりすることもある。今回の母鯨も必死で抵抗したようだ。

マトロスの一人は言う。

「あんな凄い鯨は見たことがない。七、八メートルそこその大きさしかないのに、何本銛を打ち込んでも参らない。なぜか顎が異常に小さかった。しかも体が傷だらけで白かった」

マッコウクジラの体が白くなるというのは、通常、雄同士の勢力争いによる闘いが原因だ。特に気の荒い雄は、頻繁に他の雄と喧嘩《けんか》をする。肌と肌がぶつかり合い、黒い皮が剝け、そこだけ白くなる。メルヴィルの小説に出てくる白鯨が、恐ろしく強い鯨だったというのは不自然ではない。ただ、今回の事件を起こしたのは母鯨なのに白いというのは不思議だ。

「凄い鯨」は一〇日夜半、ケバコプカに海中から頭突きを浴びせ、船底を小破させる。ケバコプカは応急処置で浸水をくい止めた。一一日の朝、今度はクルルスが鯨の体当たりで小破する。そのころにはラマレラから一〇〇キロ離れたチモール島のすぐそばまで引かれていた。

損傷を受けたケバコプカがさらに鯨に銛を打ち込むと、怒った鯨がまた体当たりし、ケバコプカの船底を割る。今度は浸水を防ぎきれない。船体が水面下一メートルまで沈んだ。四艘はたまらず銛綱を切り、ついに鯨を逃がした。

ケバコプカの船体を何とか海上に維持しながら、四艘は綱を連結し、ラマレラへ向かって帆走する。しかしあまりに遠くまで引かれたため、帰還は困難を極めた。

テチヘリはとにかく状況を村に知らせようと、一一日、午前一一時過ぎにロープを外し、単独で村へ向かう。しかし一二日の昼になってもまだラマレラの姿はマトロスの目に映ることはなかった。バレオで漁に出てから、すでに四八時間が経過していた。

その間、ラマレラではプレダンの消息を案じ、大変な騒ぎになっていた。まる二日経っても何の音沙汰《さた》もない。特に家族たちは心配を募らせた。

一二日の午後三時ころ、村人が水平線近くにテチヘリの帆を発見する。二艘のプレダンと一艘のエンジンボートを出し、テチヘリを浜へ曳いた。村人は総出で迎え、漁師と再会すると、泣きじゃくりながら抱き合って無事を喜んだ。

そのころ、残された三艘はロープで船体を繋いだまま、懸命にレンバタ島へ向けて漕いでいた。すでに飲み水も底を尽き、食料を積んでいないのでマトロスたちは空腹と疲労の極みだった。しかし漕いでも漕いでもレンバタ島は現れず、途方に暮れた。一三日になると、浸水するケバコプカをついに見捨てる。マトロスは他の二船に分乗した。

漁師をはじめとする氏族のメンバーが力を合わせて一年がかりで造り、船が完成すると皆で儀式やお祝いを行なう。漁が生命線のラマレラではプレダンは精神的な意味での支柱である。それぞれに名前をつけ、目を描き、生きているかのように大切にしている。それはほとんど信仰的存在とも言え、それを見捨てるというのは単に物理的な損害という意味を超えている。まして ケバコプカは、後述するが、ラマレラの民にとって特別な船だった。沈んでいくケバコプカを見つめるマトロスは心を引き裂かれるような思いだっただろう。

残された二艘で、漁師たちは飢えと渇きに耐えなければならなかった。プレダンには飲用の小さな水瓶があるだけだ。水はすぐ底をつき、渇きに苦しんだ。幸いなことにまだ乾期に入っていなかったこともあり、天から恵みの雨が降った。それを水瓶に貯め、飲んで渇きを癒した。しかし食料はない。クルルスに乗り込んでいたマトロスのリヨンは、「これで死ぬのだと思った」と述懐する。彼は飢えに抗することができず、まず紙幣を、次に自分の服を食べたという。中には船の板を固定する椰子の皮を外し、無理やり飲み込んで飢えをしのぐ者もいたそうだ。

テチヘリが帰った日、ラマレラではジョンソン二艘を出して捜索を始めた。しかし翌日、手ぶらで帰ってくる。今度は五艘のプレダンが出て探すが、やはり何の手掛かりもなく帰還した。村は静まりかえり、浜には待ち続ける女たちのすすり泣きが響き渡ったという。

夜が更けてくると、村人は浜に集まり、暗闇の中、ラマレラの位置が分かるようにと薪を燃やした。そして女たちはトウモロコシやタピオカ、米などを袋に包んで海へ流す。遭難しているマトロスたちのもとへ届くようにとの願いだ。しかし食料が波で押し返されて、岸辺に散乱すると、女たちは声を上げ、浜に俯《うつぶ》すようにして泣いた。トゥアン・タナは特別な祈りの儀式を行なった。いざとなれば、村人が頼りにするのは西欧から来たイエス・キリストではなく、昔から村を守ってきた神だった。

一三日、二艘に減ったプレダンは海上を漂っていた。チモール島やレンバタ島どころか、陸地が全く見えず、方向を見失っていた。強烈な陽射しの下、三日以上何も口にしていないマトロスたちは極限状態に近く、帆を操る元気も残っていなかった。マトロスの一人は懐から一〇〇〇ルピア札（約五〇円）を取り出し、燃やしたという。当時、レンバタ島では一日の日当が二〇〇〇ルピアだ。一〇〇〇ルピアは貴重な現金だ。燃やしながらその札に祈ったという。

「どうか生きて帰れますように」

一三日夕、西洋人の乗る観光船が漂流中のプレダン二艘を発見する。マトロスは観光船に移動し、プレダンはロープで牽引《けんいん》された。マトロスの中には意識が朦朧としていて、自分が救出されたことを理解できない者もいた。危険な状態だったためそのまま病院に収容された者も一人いた。椰子の皮を食った男は病院で皮片を肛門から取り出した。しかしクルルスは浸水がひどいため、牽引途中で放棄されてしまった。

プレダン発見、乗組員全員救出の知らせは一四日の朝、無線でラマレラへ届く。村人たちは喜んだ。しかしケバコプカとクルルスを失った知らせも相次いで伝わり、人々を悲しませた。

取材した内容はざっとこんなものだ。私は二艘を収めてあった船小屋へ行ってみた。ロンタール椰子で葺いた船小屋の屋根の下にはケバコプカとクルルスの姿はない。ただ黒い砂浜が広がるだけだ。居合わせたクルルスのマトロス、リヨンはとても悲しそうな表情で、空の船小屋を見つめながら頭を掻いていた。いつもは陽気でちょっと道化っぽい役割を演じるリヨン。会うたびに腹をさすりながら、腹が減ったと笑っていた。そんな彼が押し黙って深刻な表情をするのを見るのはつらいものだ。

マトロスがプレダンを見捨てるというようなことは、これまでラマレラではなかった。しかも、クルルスとケバコプカはどちらの船も同じひとつの氏族に属する。特にケバコプカはラマレラの渡来伝承で彼らが乗ってきた船とされている。言わば大事なご先祖様のような存在らしい。そのご先祖様を見捨ててしまった。だからリヨンだけではない、他の氏族に属するマトロスたちまでもがこの事件には打ちひしがれていた。主のいない船小屋には、まるで死者を悼むかのように鯨油のランプが灯されていた。

この事件は、明治時代、日本の太地で起きた鯨漁時の海難事故「大背美《おおせみ》流れ」を思い起こさせる。太地で捕ったのは主にセミクジラで、ラマレラのマッコウクジラとは違うが、類似点が多い。太地でも同じように、子連れの鯨を狙ったのだが、激闘の後、船は浸水、一〇〇人以上の死者を出し、その結果太地の鯨組は壊滅した。その詳細な記録が太地町にある。

明治一一年一二月二四日早朝、太地鯨方は、小雨まじりの東の風が強く荒模様の海へ総勢一八《（ママ）》四名・一九隻で出漁しました。この年は近年にない不漁で、このままでは正月も迎えられないという従業者たちの不安と切迫感が無理な出漁を促していました。

沖に出て準備を整え待っている船団に午後二時頃、山見から「鯨発見！」の合図があり全員が欣喜雀躍しました。

しかし、発見した鯨は、未だ嘗て見たこともない大きな子連れの背美鯨で、そのような巨鯨は当時の技術ではしとめるのは難しく、昔から「背美の子連れは夢にも見るな。」といわれるほど気性が荒々しく危険であるといわれていたため、山見の両檀那の意見は、この鯨を捕るか否かで対立していましたが、鯨は刻一刻と近付いてきていました。

激論の末、四時近くに「直ちに捕獲にかかるべし。」と断は下され、急いで燈明崎の前に網が張られましたが、鯨は湾内の方に向ったため更に張り替えたところ母鯨がわずかに網にかかり、驚いた鯨はすさまじい勢いで暴れた後、東南の沖へと逃げ出しました。

冬の日は落ち、激しさをます風雨の中、船団も懸命に追い、その巨鯨との激闘は夜を徹して続けられ、翌朝一〇時、ついにしとめることができました。

いつの間にか空は晴れ、海も穏やかになっている中、食料と水は絶え精魂使い果たした男達は再び必死の力をふりしぼり獲物を持双船に繋ぎ帰路に着きましたが、見上げるばかりの巨鯨のため力漕しても船は進むどころか逆に潮流に引かれて沖に向いついに黒潮の流れに入ってしまい熊野の山は遠くなるばかりで、お互いに声を出して励まし合い渾身の力を込めて漕ぎ戻そうとしましたが、飢餓に陥った体は既にその力を失い、そのままでは助かる見込はなくなり、一同緊急協議の結果、命を懸けてしとめた一家を救うための価千金の獲物を切り離すより術なしと判断し、係留綱を断ち切りました。離れていく巨鯨を眺める男達の目からはとめどなく涙が溢れるばかりでした。

生きなければならない、全員でそれぞれの船を繋ぎ固め再び必死の思いで漕ぎ帰ろうとしましたが、すでに櫓を持つ力さえ失い、洋上を渡る師走の風は身を刺す寒さで、日が暮れていくのにつれて波もうねり、互いに衝突し浸水する船も出始めたため、午後四時頃、ついに各船を結び止めていた綱を断ち切ることになりました。

解き放たれた船は強風怒濤に巻き込まれ、老人から一〇歳にも満たない少年までが乗る船は、漂う木の葉のように海中に沈み、それは将に地獄の様そのものでした。記録によるとその月の三〇日、出港して七日目に九死に一生を得て伊豆七島神津島に流れ着いた八名を含め、生存者はわずか一三名とされ、餓死一二名、行方不明八九名という未曾有の大惨事となりました。

突如として百余名の働き手を失ったこの小さな漁村は死の村と化し、家の前を幾日も泣きわめきながら走る妻たちがいたといわれています。

「大背美流れ（おおせみながれ）」と呼ばれ今も語り継がれているこの悲劇と、町民の窮地を救うために命を賭けた漁師たちの高貴な心を、長く人びとの心にとどめておくために、平見に上る坂道の中ほどに「漂流人記念碑」と刻まれた碑があります。捕鯨の歴史の上で決して忘れることのできない悲劇と、海に殉じた多くの人々の霊の安からんことを念じる思いは永久に消えることはないでしょう。

（太地町ホームページ「太地町の歴史・文化を探る」より）

リヨンが去ったあと、一人潮風に揺れる油皿の火を眺めながら、私はクルルスを襲った怪物のような鯨のことを思った。海中で暴れ、船すら沈める凄い鯨。私の狙いは鯨漁の水中撮影だ。しかし、たまたまそんな恐ろしい鯨と出くわすはめになったら、いったいどうなることだろう。なぜそんな危険を冒してまで鯨を水中で撮らなければいけないのか。自分の中でその理由を、もう一度反芻《はんすう》してみる。

最初は、単純にこれまでにない凄い映像が撮れるのではないかという期待から水中撮影の方法を考えた。しかし毎年マトロスと漁に同行して気づいたことがある。

海の上で繰り広げられるのは人間の物語だ。命を懸けて、食うため、生きるため、自分のため、そして村人のために勇敢に鯨に挑む人間の物語だ。ただ、海の中にはもうひとつの物語があるのではないかと思い始めていた。銛綱を外そうと必死にもがいていたジンベイザメの姿が蘇る。海の生物でも特別な存在と言える鯨。かつて私は鯨漁とは関係なくナガスクジラが泳いでいるところを水中から撮影したことがある。初めて海中で鯨を見た時の感動は今でも覚えている。その巨体が自分の前を横切った時、これは魚ではないと思った。もちろん哺乳類という意味ではない。生物という枠を超えて何かもっと巨大で神聖な存在として自分の前に立ち現れたのだ。うまく表現できないが、その姿は、自然の偉大さと優しさを象徴しているかのようで、さらに言えば、私にはすべての生き物の母に出会ったように感じられた。

そんな鯨の視点でも、襲いかかる人間との闘いを撮ることができたなら、それは単なるヒューマン・ストーリーを超えた、人間と生き物との間で永い間交わされてきたある普遍的な契約、言わば運命《さだめ》とでも言うものが撮れるのではないか、そう考えるようになっていた。

バレオ

五月一三日、風向きが悪く、プレダンが漁に出なかったので、私は丘で絵を描いていた。午前一一時過ぎ。高台から海を見下ろしていた女たちが突然騒ぎ出す。バレオコールがそここで上がる。また今日もバレオコールだ。鯨を探している余裕はない。機材をひったくるようにして宿のある丘から駆け降りる。

浜へ行くと、すでにホロ・サパンが海に船体を浮かべて漕ぎ出していた。しかしジョンソンの操縦士は見当たらない。もう一艘、プレダンのバカテナが漁師らの手で今にも浜を滑り降りようとしている。他のプレダンはまだ動きがない。とっさの判断で、エアタンクとBCを残したまま、バカテナに跳び乗る。多過ぎる機材は漁の邪魔になるからだ。いざとなれば、素潜りで水中撮影すればいい。

漁師は懸命に沖へ向かって漕ぐ。八〇〇メートルほど先でマッコウクジラが潮を噴いている。一頭だけだ。若手主体のバカテナは老人の多いホロ・サパンを途中で追い抜く。あわただしく鯨用の大きな銛を研ぐ音が聞こえる。ラマファは見たことがない二〇代の若者だ。バカテナのラマファは山へ木を伐りに行って不在だ。バレオの緊急事態のため、未経験の彼が臨時ラマファになったらしい。一抹の不安が脳裏をかすめる。

銛研ぎが終わると、漕ぐ手を休め、祈りを捧げ始めた。この忙しい時に、と私などはやきもきしてしまう。しかし、マトロスたちはどんな時でも鯨漁の前にはこうして漁の成功と安全を願い、神に祈る。それが終わると、手早くマンタ用の細い綱と銛を外し、鯨用の銛と綱に嵌め替え、猛然と櫂を漕ぎ始めた。

鯨が船との距離三〇メートルまで近づく。マッコウクジラは潜水艦のような黒い頭からプシューッと音をたてて、潮を噴き上げている。鯨の進行方向と、船の向きを計るように、プレダンは向きを変える。

ラマファは舳先に立って銛を空へ向けて垂直に立てる。いよいよ鯨漁が始まる。鯨は巨体を揺すりながらゆっくりと前方を横切ろうとしている。バカテナは鯨と交差するように近寄っていく。理想的な態勢だ。二年前、クルルスが鯨のすぐ後ろまで行きながら、とうとう銛を打ち込めなかったことがあった。その時は鯨と銛打ちの角度が悪かった。船が鯨のすぐ背後だったため、尾ビレの一撃を恐れたラマファが攻撃できなかったのだ。しかし今回は鯨の脇から寄って行っている。

鯨との距離が五メートルまで詰まる。マトロスは猛烈な勢いで櫂を漕ぐ。ラマファは銛を前倒しにして、間合いを計る。次の瞬間、銛の重みの反動を利用しながら、全体重をかけて跳躍した。櫂を漕ぐマトロスたちの頭越しにその瞬間を撮影する。

ラマファが海中に消える。鯨の黒い肌に銛が突き刺さり、銛綱がどんどん伸びて……行くはずだが、行かない。呆然とする。しくじったのか。鯨は船の脇をすり抜けるように水を切って泳いで行く。櫂を漕いでいたマトロスから罵声《ばせい》が上がる。水から上がってきたラマファは水を滴らせながら俯《うつむ》き何も言わない。

当たりが浅く、銛が外れたのかと私は思った。そういう失敗はよくあるからだ。しかし銛綱が全然引かれなかったところを見ると、そうではなかった。どうやら、銛が鯨に当たらず、手前に落ちたらしい。あまりにも愚かな失敗だ。高い波に上下する船からの銛打ちはタイミングがとりづらい。波が来た瞬間に船の速度が落ちるからだ。その瞬間に跳ぶと、距離も伸びない。そういう失敗らしい。

若いラマファはしばらく老漁師のフィクスに罵《ののし》られた。いや彼は若いので怒られたと言うべきか。通常、ラマファはたとえ失敗しても冷たい視線を浴びることはあるが、それを口に出して非難されるのは珍しい。初めて銛を持った、にわかラマファの信じられないような失敗だった。

私は消えていく鯨を愕然《がくぜん》としながら見送った。

帰りの途で、マトロスの一人が七センチほどの魚を手で掬い上げた。こんな日は変なことが起こるものだ。大きな手の中で緑色の魚が跳ねていた。

「ちょいと獲物が小さかったなあ」

と私。笑いが起こる。速い潮が東から流れている。まだ希望を捨てることはない。運命の日はゆっくりとしかし確実に近づいている、うまく説明できないが、それを肌で感じていた。

運命の日

「失敗の原因は、ラマファがバレオで船に乗る時に転んだせいだ」

海を眺めながら、元ラマファのフィクス老人は考え込むように顔をしかめた。縁起をかつぎやすいラマレラの人々はちょっとしたことにも理由をつける。失敗には必ず理由があるのだ。縁起と言えば、村の老人の間では、「ボン（筆者のこと）がいると鯨が捕れない」というような噂が立っているらしかった。若者たちは相手にしてないが、老人たちが結構本気でそう信じていることは容易に想像できる。特に二年前などは、私の来る三日前に鯨が捕れ、三カ月後、去った翌日にもう一頭仕留めている。迷信深いラマレラの老人ならそう思っても不思議ではない。

　笑い話のようだけれども、これは私にとってなかなか切実な問題になっていた。心なしか村人の視線も冷たくなってきたように感じる。これだけ通っているのに、仲良くなるどころか、そんな馬鹿な理由で肩身の狭い思いをするのは御免だ。そんなことを思いながら、早朝、まだ夜が明けきらぬ浜で私は海を眺めていた。

「もうそろそろ捕ってくれないと、いくら何でも困るぜ」

　恨み節がついに口を衝《つ》いて出る。海は穏やかで、風も強くない。岩がごろごろしているラマレラの浅瀬では、ちょっとした波でも出漁を見合わせることがある。今日はその心配はなさそうだ。昨日の鯨は、まだいるのだろうか、白波のたつ沖を眺めながら、ちょっと弱気になってきた自分を感じた。

やがて夜明けとともにマトロスたちが浜へ降りてきた。砂浜に船を滑らすためのコロを並べている。これは出漁可能の合図でもある。

砂浜に腰を下ろしたマトロスたちは、静かに海を見つめる者もいれば、煙草をくゆらす者もいる。潮の流れや、雲を見て、天候を計っているのだろう。私も、一本取り出して、火をつけた。グダン・ガラムというインドネシアの煙草特有の甘い香りが口の中に充満する。もともと煙草は吸わなかったのだが、ラマレラのマトロスたちとコミュニケーションをとるために吸い始めた。

案の定ラマファのコリが寄ってきて、無言で煙草をつまむ仕草をした。私も何も言わず一本差し出し、風で消えないように両手で覆い火をつけてあげる。コリは礼も言わず隣にしゃがみ込むと、うまそうに鼻から煙を吐き出した。

その横顔を眺める。いい顔をしている。こんな風にして朝、出漁を待つマトロスたちが浜で海を眺める姿は好きだ。そんな時、マトロスたちは決まって無口で、遠くを見ている。ちょっとした緊張感と、これから漁に挑む者の覚悟のようなものをその表情に漂わせている。私はカメラを構え、何枚かシャッターを切った。

やがてマトロスたちが集まり、それぞれの船小屋に格納されてあるプレダンを囲むように並び始めた。船の先頭に立つラマファが、船首に被せた覆いを取る。これまで何度も目にした出漁の儀式が始まろうとしていた。ラマファが船の中から瓶を取り出すと、聖水をマトロスと船に向かって振り撒き、浄めを行なう。そして全員で祈りの言葉を唱えると胸で十字を切った。準備が整うと、威勢よく掛け声を上げながら、船を押し、コロの上を滑らす。いよいよ出漁だ。浜のそこここから、「ヒーボ、ヒーボ」という掛け声が響き渡り、静かだった浜が急に活気に満ちてくる。私も一緒になってバカテナを押す。昨日失敗した船をあえて選ぶことにした。しかしラマファは昨日とは違い、トゥファオナ氏族の若きエースとも言える二三歳のマティウスだ。

プレダンが浅瀬に入ったところで、船に跳び乗った。続くように他のマトロスたちもプレダンに腰掛けるようにして跳び乗る。何度もプレダンに乗っているせいか、お客さん扱いは一切なしだ。櫂を渡され、一緒に声を合わせて漕ぐ。他の船と競うようにして沖へ漕ぎ出す。船が浅瀬から出ると、浜からの風を確認して力を合わせ、竹でできた帆柱を立てる。続いて帆に連結した綱を引き、椰子の葉で編んだ帆を上げる。朝日を浴びながら、金色に輝く帆がはためくと、船がぐっとかしぎ、水を切って走り出した。ラマレラの浜がみるみるうちに遠ざかっていく。見渡すと、金色の翼を広げた一〇艘の捕鯨船団は、沖を目指して広がっていた。

船が安定すると、ラマファのマティウスは銛を研ぎ始めた。砥石《といし》をこする甲高い音がせわしない。やがて銛研ぎが終わり、朝の祈りだ。皆帽子を取って、下を向く。いつもは祈りには参加せず、撮影する私だが、今日はカメラを置き、目を瞑《つむ》り一緒に祈った。

「どうか海に出る私たちをお守りください」

そうマティウスが唱えると、私も胸で十字を切った。

「今日こそ鯨が捕れますように」

私も心の中で呟いた。

「スラマトパギ（おはよう）」

祈りが終わると初めてマトロスたちは挨拶を交わす。闘いの前の静けさを予感させるこの時間が好きだ。挨拶が終わると、マティウスは銛を舳先に置く。助手が銛に連結したマンタ用の神聖な銛綱であるレオを丁寧に巻き直す。朝の一連のセレモニーはこれで終わりだ。私は懐からグダン・ガラムを箱ごと取り出し、マトロスたちに回す前に一本取り出し、火をつける。煙草はマトロスにくまなくわたり、手元に箱が戻ってきた時にはいつものように空になっていた。

振り返るとラマレラの浜はかなり小さくなっている。見上げると将棋盤の目のように継ぎ合わされた椰子の葉の帆が風を孕み、いっぱいに膨らんでいた。

太陽が一〇時の高さに昇るまで、潮は強い東からの潮流オレなのに獲物の姿は何もなかった。波が高過ぎて、マンタやサメも船上から見えにくいようだ。何よりも、鯨の姿が全く見えないのが残念だ。今日もこのまま終わるのかもしれない。私は恨めしげに白波のたつ東の海を眺めた。オレの潮流の時は、潮路に乗った鯨が東からやってくるからだ。

その時だった。船がちょっと変な感じで旋回した。それまで一定の距離で行き来を繰り返し、獲物を探していたプレダンの、その旋回の間隔がちょっと早かった。

若い漁師が私の耳元で囁いた。

「ボン、イカンパウス（マッコウクジラ）」

全身の血がカーッと熱くなる。ついにその時が来たようだ。一気にアドレナリンが上昇していく。

「本当か」

「確かだ」

他の船の動きを見て気づいたらしい。男は囁くように鯨の名を口にした。マトロスは鯨を見つけたからといって決して大声を上げたりしない。若者は私のために「イカンパウス」と口にしたが、本来はそれすら禁忌だ。鯨が出ると、彼らは鯨のことをイカン（魚）としか呼ばない。言葉がなぜか抽象的になり、お互いの名前を呼ぶのもやめる。代わりにババ（ミスターのような意味）とお互いを呼び合う。漁具や船具の名称も変わってしまう。鯨を追う間は、水を飲むのも煙草を吸うのも御法度だ。船を不思議な静けさが支配し、暗黙のうちにそれぞれが了解し、狩りが進行していく。

「どこだ？」

私の問いに若いマトロスは海上の一点を顎でしゃくって答えた。鯨を指さすことは掟で禁じられている。それでも私には見えなかったが、鯨がいることは間違いない。

マトロスたちは鯨用の直径五〇センチほどの大きな銛を取り出すと、砥石で研ぎ始めた。カフェと呼ばれるT字の形状をし、大きなかえしがついた独特な銛だ。鯨用の銛綱を用意するもの、船の水を掻き出すもの。あわただしくなってきた。

銛を研ぐ甲高い音がいやがうえにも船内の緊張感を高めていく。帆を下ろし、帆柱を船の中央に格納する。皆が手を止め、手を胸に当て、下を向いた。祈りの時だ。ラマレラのマトロスはどんなに急を要する時にも、鯨漁の前には祈りを欠かさない。信仰心が篤いと言うよりも、鯨漁がそれだけ危険で、また貴重な獲物だからだ。今度はその様子を撮影しつつも、私も目を瞑り漁の成功を祈った。目をあけると、三〇〇メートルくらい先で鯨が噴いた潮が、波間にきらめいた。

マトロスたちは懸命に漕ぎ、鯨に迫る。マティウスは銛を五メートルほどの銛竿に嚙ませ、舳先に立った。銛の嚙みが甘いのか、「もっと強く叩け！」と助手に指示している。銛竿は銛が鯨に刺さった瞬間に外れるよう銛竿との嚙みはもともと甘い。緊張が伝わってくる。

助手が銛綱をたぐり寄せ、銛綱を送り出す用意をしている。船が荒い波のために上下し、マティウスが強ばった表情を浮かべて舳先で踏ん張っている。私も船の縁に立ち、ニコノスの露出とピントを合わせて次の瞬間に備えた。

鯨は巨大な頭を海上に出し、噴気音を上げながら、水柱のような潮を噴き、船のすぐそばまで来た。マティウスが身構える。太い竿にかませた太い鯨用の銛が黒光りしている。その銛を肩を梃にして、両腕で支えながら、腰を落とし、間合いを計る。

マティウスの背後では、助手が銛綱を操っている。鯨はややスピードを上げながら船の舳先を横切っていく。マトロスたちが息を荒くしながら全力で漕ぐ。間合いがまだ遠過ぎる。マティウスが躊躇する。鯨は浮き上がった反動で、水面下にちょっと体を沈めながら船をかわす。マティウスは銛を打ち込めなかった。中途半端な銛を入れると、逃げられてしまい、次のチャンスがなくなる。慎重を期したらしい。昨日の、にわかラマファの失敗も頭を横切ったと、あとで話してくれた。

鯨がまた潜る。マトロスたちは、目を皿のようにして海面を見つめている。ラマレラ沖の潮流は複雑だ。海面近くが東からの潮流のオレでも、深いところでは逆に西からの潮流であるフラの場合がある。すると、鯨が浮上してないのに、バカテナが今度は違う方向へ懸命に櫂を漕ぎ始めた。その先を見ると、六、七艘のプレダンが銛を立てて、攻撃態勢に入っていた。向こうにも一頭現れたらしい。

こうなってくると、どの船が鯨を捕るか分からない。私はあとを追わせていたジョンソンに手を振り、呼び寄せた。ジョンソンから狙った方が確実だ。

早く移動したいが、バカテナは相変わらずせわしなく櫂を漕いでいる。漁の邪魔にならないよう、乗り換えるタイミングが難しい。

鯨がまた潜り、バカテナのマトロスたちが手を休めた。チャンスだ。急いで、ジョンソンに跳び移る。ジョンソンには潜水具を用意してある。これで船上撮影の合間にいつでも水中撮影に入ることができる。

ジョンソンをまず、六艘の船が固まっている周辺へ走らせた。三〇〇ミリの望遠レンズを一本つかんで船の舳先に移動する。波が高く、波頭が船とクラッシュするたびに大きく上下し、水しぶきが上がる。私もラマファのように舳先に仁王立ちになった。そうしないとカメラが水浸しになってしまう。長いラマレラ生活により、少々の波なら船上に立てるようになっていた。

六艘の船団は攻撃態勢をとってはいたが、目標を見失って立ち往生していた。鯨の姿を探そうと目を凝らしていると、ジョンソンを操縦しているババ・フランスが声を上げた。

「ボン、こっちだ」

振り向くが私には鯨が見えない。とにかくジョンソンを旋回させる。

行く手には独り離れて鯨を追うバカテナの姿があった。その目前で鯨が潮を噴いていた。マティウスがタイミングを計りながら体を上下させている。全速力で走るジョンソンが波を受けて揺れる。立っているだけでも難しいのに、ピントを合わせるのは至難の技だ。私は固唾を呑んで見守る。プレダンの前を直角に横切る鯨との角度は完璧だ。

次の瞬間、獲物を襲う豹のように跳躍するマティウスの姿がファインダーに入った。マッコウクジラの脂肪は三〇センチもある。その厚い脂肪を貫いて動脈にまで達するためには、全体重を乗せて銛を叩き込まなければならない。モータードライブで立て続けにシャッターを切ると、ファインダーの中で跳躍するマティウスが、コマ送りの紙芝居のように見えた。

マティウスの姿が水中に消えると、入れ替わるように鯨の巨大な尾ビレが現れた。それが水柱を上げ、海面を叩く。揺れる船に煽られて、私は後ろにひっくり返りながらもその瞬間だけはファインダーに捉えた。

起き上がると、鯨の姿はもうなかった。潜ったのだ。ラマファの助手は懸命に銛綱を送り出している。銛綱が船首から外れ、横にそれてしまうと船が転覆してしまう。

「ヒルカエ！　ヒルカエ！」

マトロスたちが叫ぶ。「捕れたぞ、鯨が捕れたぞ」という意味だ。これは本当に喜んでいるのではなくて、鯨へ向かってお前はもう捕まったぞ、との宣告を意味するそうだ。捕まっているから、観念しろ、と叫ぶことによって、捕獲をあらためて事実として確信しようとする言葉だ。その言葉にラマレラの鯨捕りの執念と失敗への恐れを感じる。

鯨用の太さ五センチ、長さ三〇メートルもある銛綱が次々と繰り出される。ところが、途中でその手が止まった。助手の手から銛綱がだらりと垂れて手応えがなくなっている。

銛が外れたのか。信じられない気持ちでそれを見守る。マトロスたちも不安げな表情だ。昨日に続く失敗なのか。呆然として気力が失せそうになるその瞬間、水面が盛り上がり、潮を噴き上げながら鯨が現れた。銛は外れていなかった。この時のことをマティウスはあとで説明し

TETI HERI

てくれた。

「鯨が一度深く潜り、また急浮上したらしい。そのため銛綱が緩み、しばらくの間、手応えがなくなったんだ」

鯨の推進力は凄い。プレダンはモーターボートのように海上を引き回されている。マトロスたちが懸命に船に摑まっているのが見えた。プレダン同士が緊張する一瞬だ。制御不能なプレダンが他の船と衝突する恐れがあるからだ。私たちもジョンソンを迂回《うかい》させて、予期せぬ方向転換に備える。すると、その鯨めがけ、真正面から現れたシカテナが迎撃態勢に入るのが目に入った。全力で櫂を漕ぐ漁師の声が響き渡る。

掟では、一番銛を入れた船から求められない限り、他の船は手出しができない。ここでシカテナが猛烈なスピードで船を寄せてきたのは、バカテナに協力を求められたことを意味する。ラマレラの鯨漁は、通常このように二艘の船の連携で行なわれる。一番銛を入れた船が鯨に引かれるために、鯨との間が詰まらず銛の射程距離に入らないからだ。ちなみに一頭の鯨を捕るプレダンの数が増えれば増えるほど、一番銛の船の取り分は減る。だからラマレラの漁師はなるべく少ない船数で鯨を捕ろうとする。

シカテナのラマファが跳躍し、鯨の横腹に銛を叩き込んだ。同時に棒高飛びの選手のように、体をひねり、尾ビレから離れたところに落下した。その様子がまるでスローモーションのように見える。鯨から離れたところへ体を落とし、予期せぬ一撃で命を失う危険を回避している。

鯨は体を震わせるように潮を噴き、懸命に逃げようとする。しかし二番銛が入った以上、逃走はもう不可能だ。尾を振り上げて、また潜る。その瞬間を撮りながら、私はまたひっくり返った。

ジョンソンはプレダンとの衝突を避けるために常にエンジンを回して走り続ける。旋回するのでそのたびに私は体勢を入れ換えながら撮影を続けた。

さらにテチヘリがアシストに入り、苦しそうに浮いてきた鯨の背中にこれでもかと銛を突き刺す。鯨はもがきながら、三艘の船をまだぐいぐい引き回している。引かれる船同士がガンガンぶつかり合う。お互いに櫂や手で船のアウトリガー部を支えて何とか衝撃を和らげようとする。

突然、鯨が反撃に転じた。いったん深く潜ったあと、シカテナの船底に体当たりをかましたのだ。シカテナがぐっと持ち上がり、その脇から水しぶきを上げながら黒い背中が海上に出る。三月にクルルスとケバコプカを破壊した「凄い鯨」のことが一瞬、頭を過った。

シカテナのマトロスたちは懸命に水を掻き出す。浸水はしてない。船底の「靴」と呼ばれる

尖った部分が破損しただけだった。復讐《ふくしゅう》するかのようにテチヘリから何本も銛が飛ぶ。苦しみのあまりか鯨は潜水と浮上を繰り返しながら潮を噴き上げている。四番船、五番船が現れ、相次いで銛が打ち込まれる。銛を打ったラマファたちは、海中に落ちると、最も距離の近いシカテナまで泳ぎ、そこからさらに銛を放つ。

五艘のプレダンを引っ張る鯨。かなりの大物のようだ。鯨は通常、群れで行動するが、時に大きく強い雄は一頭か二頭で行動する場合がある。今回はそうした小さな群れの雄鯨だったようだ。もしこれが大きな群れであれば、他の鯨が助けに来てプレダンが危険に晒されることもある。

鯨に引かれながら、背後から繰り出される銛の雨。まるで機銃掃射にあう怪物のようだ。闘いは延々と続く。一艘のプレダンが鯨に引かれつつも、少しずつ接近していくのが目に入った。タイミングを見ながら、銛綱をたぐり寄せている。そしてプレダンの舳先に立ったラマファが鼻先にフックをかけた。いわゆる鼻切りという鯨漁の手法で、鯨の勢いを止めるためだ。鼻っ面を押さえられた鯨のスピードが一気に弱まった。

いったん潜ろうとした鯨が、かなわず船のすぐそばに浮上すると、今度はマトロスが長柄包丁をその腹に刺し、ぐりぐり回している。失血死させるつもりらしい。たまらず鯨がもがいて海上に頭を出す。男たちは長柄包丁を空に向けてかざし、喚声を上げる。勝利の雄叫びだ。その姿はまるで野獣のようにも見える。からかうように鯨の頭を撫《な》でている男もいる。

大きな口を開けて、海上に頭を出した鯨は、荒い呼吸音を上げながら、口をいっぱい開いて悶《もだ》える。一本が二五センチもある尖った歯が剝き出しになる。この歯で戦闘中にプレダンの上のマトロスが嚙まれることもある。しかし鯨は襲いかかることもなく、また海中に沈んでいった。

あたり一面、文字通り血の海だ。鯨がもがくたびに喚声が上がり、まるでなぶり殺しのようになってきた。そろそろ、ラマファが海中に潜り、止めを刺す時が近づいてきた。

私は腰にウエイトベルトを巻くと、BCとエアタンクを身につけ、サメがいないことを確認してから海中に身を投じた。波間からニコノスを受け取り、鯨目指して泳ぐ。

「近づき過ぎるな！」

フランスが叫んでいる。

鯨との距離は三〇メートルほどあった。鯨は浮上と潜水を繰り返しながら、もがいている。BCのエアーを抜き、潜行を始める。海上から近づくと興奮したマトロスに制されるかもしれないからだ。

海の中は三六〇度真っ赤だった。血の海を泳ぐのは初めての体験だ。一〇メートルも潜るとマスクの中に真っ赤な水が流れ込んできた。鼻から空気を送り込んでマスククリアを行なう。血をクリアするのももちろん初めてだ。肉片らしきゴミ状のものも海中に散乱している。

血の海を手探りで潜っていく。何も見えない。一瞬、不安になって引き返したい衝動にかられる。血の闇の中から、いきなり手負いの鯨が現れそうな恐怖を感じたからだ。もし遭遇したら、苦し紛れの鯨は何をするか分からない。船上にいても襲われるくらいだから、海中で危険なことは言うまでもない。とにかく血の海から逃れるためにさらに潜水していった。

一〇〇〇メートル以上の深度があるラマレラ沖ではもちろん海底は見えない。深度三〇メートルあたりで血の赤が晴れ、視界が開けてきた。しかし下を見ると全くの闇の世界だ。何も見えず、何も聞こえない。呼吸音だけが自分の存在を感じさせる。大捕物の最中で、自分だけ孤独な世界に取り残されたような妙な気分だ。

私は時おりサメがいないか気を配りながら、鯨がいるはずの方向へ少しずつ浮上していった。しばらくすると、上方に黒い巨大な影が見えた。呼吸を止め、シャッターを切った。

影は鯨の尾だった。まるで巨大な振り子のように海中でゆっくりと振れている。尾が下にあるということは頭を海上に出してもがいているのだろう。海中では鯨の鳴き声がはっきりと聴こえた。その鳴き声は、ダイバー同士が海の中で合図を送るために石と石とをぶつけ合うような、硬い、金属的ともいえる音だった。それも耳からではなく、自分の頭の中で鳴っているような不思議な音だ。

鯨の鳴き声は、種によってかなり違う。よく知られている「ザトウクジラの歌」と呼ばれる鳴き声は、雄のザトウクジラが雌に呼びかける交配のための声とも言われており、とても表情豊かだ。低いトロンボーンのような低音と、イルカが発するかのような甘い高音が混じり合う。それに比べ、マッコウクジラの鳴き声はクリック音と呼ばれ、その主たる機能である超音波ソナー的な役割を感じさせる。

しかし、よく聴いてみると、かつて科学番組で聴いたことのあるマッコウクジラの鳴き声とは明らかに調子が違っているのに気がついた。速いテンポで何度もクリック音を繰り返している。聴いているうちに、これはマッコウクジラの発するSOSなのだ、と気がついた。無機質な声だと思ったが、とんでもない。鯨は必死に仲間を呼んで助けを求めていたのだ。

私は血の海をかいくぐって、尾の射程距離に入らないように少しずつ浮上した。海中から見ると鯨はまるで巨大な難破船のようだ。その巨体を銛綱が何重にもぐるぐる巻きにしている。もがいているうちに体に巻きついて身動きがとれなくなっているらしい。

エアーの残りを確認しながら、さらに浮上する。鯨の姿がだんだんはっきりと視界に入ってくる。銛綱で胴体が固定されているが、鯨は頭を前後に振りながら、懸命に抵抗している。夢中で撮影しているうちに、私は浮力調整を誤り、水面に出てしまった。

海上では鯨が頭を突き出して口を開けているのが見えた。しかもかなりの至近距離だ。これには驚いた。目が合ったような気もしたが、おそらく鯨は私のことは眼中にないだろう。鯨と一緒に水面に顔を出したのが、何とも妙な気分だ。私は、もがく鯨に嚙まれないように足ヒレで水面を蹴って距離をとった。

プレダンの上からはマティウスが鯨の頭付近に長柄包丁を容赦なく刺し始めた。鯨はウォーと悲しげな声を上げている。ついに訪れた断末魔の瞬間だ。マッコウクジラは息絶える前に必ずこのように大声で絶叫するという。

水中用レンズでは空気中の撮影はできないので、私はまた海中に潜る。しばらくするとマトロスたちも海中に身を投じてきた。確実に長柄包丁を心臓に突き刺し、止めを刺すためだ。頭から水の中に潜り、下からしつこく長柄包丁を突き上げていた。潮に流されてブルーに戻っていた海がみるみるうちにまた真っ赤な血で染まっていく。

弱って力なく横たわる鯨をあとにして、私はジョンソンに向かって泳いだ。海はさらに大変な量の流血で真っ赤に染まっている。これだけ出血してサメが気づかない方がおかしい。もしサメが出てくるとすれば私も鯨の二の舞だ。ついつい水を蹴る足ヒレのスピードも上がってくる。もっともマトロスたちにこのことをあとで言うと、

「サメが血の臭《にお》いを嗅《か》ぎつけてくれば、また突いてやる。儲《もう》けものだよ」

と話してくれた。ただ、最近、ボーナスが出るケースが減ったそうだ。しかしいくら減っているとは言え、鯨と心中するのは御免だ。何しろ私は血まみれなのだ。

ジョンソンに上がり、ほっと一息つく。まだ鯨の断末魔の叫び声が耳に残っていた。私は哀れな鯨の冥福を祈った。

銛を打ってから二時間半にわたる闘いは終わった。鯨漁にしてはずいぶん早い決着だった。通常は四時間から六時間くらいはかかると聞いていた。鯨は銛を解かれ、一番銛を入れたバカテナに横付けにされる。尾ビレと鼻先も綱を通して、船の腹に固定している。

一通りの作業が終わると、マティウスはマトロス全員に聖水を撒き、浄め、祈りを捧げた。私もジョンソンから感謝の気持ちを込めて祈る。他のプレダンもバカテナにロープを連結し、帆を上げ、帰港の準備を始めた。四艘の船が帆をなびかせ、艦隊のようになってバカテナを引っ張る。さらにバカテナも帆を上げ、勝利の凱旋《がいせん》にふさわしい勇壮な光景だ。マトロスたちの表情も明るい。マティウスの顔からも白い歯がこぼれる。

櫂を漕ぐマトロスたちの歌声が海上を伝わっていく。
「ソラ　タレム　バラタラ　レオ　ラエタイ（象牙を生やした水牛よ、どうか私たちを村へ連れていっておくれ）」

楽しそうに声を張り上げるマトロスたち。鯨を故郷の陸へ連れて帰るつもりらしい。この伝承は面白いことに生物学的な研究とも合致する。鯨はもともと陸で生活しており、牛や馬など同じ蹄《ひづめ》のある動物だった。それが何らかの理由で海に棲むようになり、巨大化して現在の鯨となった。今でも胸ビレには足が退化した跡がある。ラマレラの人々は、誰よりも鯨について知っていたというわけだ。その勇姿を見守りながら、四〇〇年の昔に思いを馳せた。遠ざかるプレダンがまるで遠い太古の世界へ帰って行く幻の船団のように見えてくる。

すべては終わった。四年間にわたる果てしない取材も幕を閉じようとしている。プレダンの中では、男たちが豊漁と無事に感謝して神に祈りを捧げていた。私もカメラを置き、まず哀れな鯨に黙禱《もくとう》を捧げた。そしてこれまで鯨と闘い、海に消えた男たちの冥福を祈った。
振り返ると、深く青いラマレラの海が、すべてを包み込むようにどこまでも広がっていた。

第五章　陸の物語

解体と分配

鯨が浜へ曳かれてくるころには、もう日が暮れようとしていた。浜には女たちが出迎えに来ており、膝まで水に浸りながら、白い歯と歓声で鯨を捕った男たちを讃えている。岩場の上には先に漁を終えたサンガの姿もあった。船から降り、がっちりと握手を交わす。

「おめでとう」

と、ついに鯨漁に遭遇した私を祝ってくれた。

「とうとう出たな」

浜に出てきた村人たちも、祝福の声をかけてくれる。

鯨は浜近くまで曳かれると、男たちが綱を持って潜り、鯨の皮に穴を開けて綱に固定する。次に鯨に結わえた綱を村人総出で引く。

「ヒーボ、ヒーボ」

独特の掛け声を上げながら綱引きの要領だ。男も女も皆、笑顔だ。マトロスたちも疲労困憊《こんぱい》のはずだが、鯨が捕れたおかげで元気だ。浅瀬までたぐり寄せられた鯨は放置され、綱は浜の岩に結わえられた。これで満潮を待ち、さらに鯨を浅瀬へ揚げ、翌日の干潮を待つらしい。

大仕事が終わると、子どもたちが鯨のもとへ泳いで行き、背中に乗って遊び始めた。鯨の皮膚はどんな感じなのだろう。私も泳いで鯨のもとまで行って触ってみた。表面は堅く、つるつるとしていた。子どもたちの真似をして背中に乗ろうとしたが、滑るので何度も海中へ落ちてしまう。てこずったのちに這《は》うようにして上に乗る。陽射しのせいか、鯨の体は温かかった。

背中の温もりを感じながら、鯨がラマレラ村に辿り着くまでの海の道に思いを馳せた。地球を縦横無尽に回遊する鯨は遠くアラスカまでメイティング（交尾）に行くという。

「はるばるやってきたんだよなあ。ごめんよう」

鯨の皮膚を撫でながら、そんな言葉が口を衝いて出た。

鯨が係留されている晩、掟に従いマトロスたちは浜で夜を明かす。鯨の番をするためだ。その模様を撮影した私は、高台にあるロスメンへ戻った。ここからは浜全体を見渡すことができる。宿でちょっとした祝杯を上げ、明日の解体に備え早めに床へつく。

ベッドの上で今日の出来事を反芻しながら、思いを馳せたのは、昔、日本で行なわれていた鯨漁だ。ラマレラで鯨に関わるようになり、江戸時代の鯨漁の形態に興味を持ち、いろいろ調べていた。その中でも最もラマレラと鯨漁の形が似ていたのが、千葉勝山の突き組だ。新聞記者の金成秀雄氏はその様子を『房総の捕鯨』（崙書房）で、紹介している。

「クジラには決まった通り道があって、これを鯨道という。この鯨道に船を出してクジラの来るのを待つ。クジラがいよいよ海面に浮かんで潮を吹くのを見つけると、全部の船が争ってクジラに接近、クジラめがけてモリを打ち込む。最初にモリを投げる者を一番モリといって、熟練した漁夫でなければ出来なかった。このモリを投げる様子は、ちょうど勇士が戦場で一番二番と敵の首を争ったのと似ていた。モリには細い麻縄がついていて、麻縄にはさらに太い綱が一二丈（約四十メートル）もつながれている。そして突いたクジラにこの網を引かせたのです。第一番にクジラを突いた一隻に、高々とノボリを上げ、漁のあったことを知らせる。勝山の港では高台で魚見をしている者があって、急いで醍醐家に知らすのである。近い村々の住民はこれを聞きつけ、浜にやって来ては歓乎《ママ》して喜ぶ。しばらくしてクジラを引いた船は、船ばたをたたきクジラ歌をうたいながら入港してくるというわけです」。

捕鯨に成功した漁民、そして迎える浜の人々の喜ぶさま、確かに、五十七隻もの小舟がクジラに挑みかかって行くさまは、海に生きる漁師たちの合戦絵巻さながらの光景だったことは想像にかたくない。

まさに今日見たラマレラの鯨漁そのものだ。どうやら私は、時を超えて、江戸時代の鯨漁を目の当たりにしたようだ。

その夜は興奮から、なかなか寝つけずに何度も起きては庭へ行き、高台から浜を見渡した。夢でも幻でもない、そこには月明かりに照らされ、シルエットになった鯨の姿が浮かんでいた。

翌朝、朝日が昇るのを待ち、浜へ降りると、すっかり潮の引いた岸辺には鯨が横たわっていた。全長一〇メートルほどの黒い巨体が朝焼けを反射して少し赤身を帯びている。

そばで見ると、海の中で遭遇した時ほど大きくは感じなかった。水中での光の屈折率の違いや心理的な影響のほかに、負荷の大きい空気中では、自らの重さのため潰《つぶ》れた気球のように鯨自体がひしゃげてしまうかららしい。

マトロスたちは解体に十分な人手が集まるのを待ってから、おもむろに作業を始めた。まず、それぞれの取り分を決める線引きがラマファの手により慎重に行なわれ、それに沿って長柄包丁で切れ込みをつける。

村の掟は鯨の取り分についても厳格に定めている。鯨の体は大きく三つに分けられ、それぞ

れ、頭の部分、頭を除く前半分、そして尾を含むそれより後ろの部分となる。大ざっぱに言うと頭を除く前半分は最初に銛を入れた船のマトロスが取り、後ろの部分は直接漁に協力した他の船のマトロス。頭の部分は、目より後ろがラマファに。そして目より上の部分が銛造りの職人に。目より先の頭の部分は、ケースバイケースだが、鯨乞いをした先住民に贈られることもある。他にも船のオーナーなどにさらに細分化されて分けられる。

浜に威勢のよい掛け声が響き渡った。切れ込みを入れた後、綱をかけて肉を引き剝がす作業が始まったのだ。鯨の肉は解体しても、それぞれが何百キロもある。分厚い皮に穴を穿《うが》ち、綱を通して綱引きの要領で大勢で力を合わせてやっと肉が剝がれる。鯨肉は今回漁に成功した五艘のプレダンの関係者にくまなく行き渡るように分配される。分配はそれぞれのラマファを囲むようにマトロスが並び、ラマファが投げて、分け与える。

解体が進むと、浜にはおそらく鯨の内臓からであろう腐臭にも似た強烈な臭いが立ちこめてきた。胸が悪くなるほどで、テレビで見た日本の捕鯨船の甲板からは感じられることのない生の臭いでもある。

遠景の写真を撮ろうと丘に上がってみると、青い海に鯨の真っ赤な血が流れ込み、色の対比が妙に鮮やかだ。横たわる大きな鯨の間を動き回る人の姿が、マンモスに群がる原始人のようにも、大きな昆虫を運ぶ蟻のようにも見える。生き物が生き物を食べる、そのことを象徴しているかのような光景だ。

女たちが前の晩に焼いたケーキやパンなどを持って浜辺に集まってきた。鯨の肉と交換するためだ。さばいたばかりの肉を漁師がほうり投げ、パンを手に入れる。女たちは海亀の甲羅をバケツ代わりに、山盛りの肉を頭に載せて運んでいく。

交換比率はパン一切れと肉一片という割合だ。近郊の村で開かれる市よりもかなり有利な取引で、事実上の肉の分配と言える。また未亡人や、身寄りのないお年寄りはもっと有利な比率で交換していた。こんなところにも村の社会福祉の仕組みが窺える。こうした分配方法を観察すると「鯨一頭捕れれば、村人が二カ月しのいでいける」というラマレラのことわざの意味がよく分かってくる。手に入れた肉は、すべてを一度に食べてしまうわけではなく、干し肉にして女たちが市やプネタン（行商）に持っていき、トウモロコシや野菜、生活必需品などと交換する。残りの肉も乾燥させて休漁期まで保存し、野菜などと交換する。

鯨の解体は午後までかかり、血の一滴、脊髄《せきずい》や歯に至るまで分配された。頭の部分だけは、切り離され、翌日に残された。女たちがバケツに脳油を汲み、運ぶためだ。血は鯨を煮込む時のソースとして、歯は指輪などの装飾品に用いられ、脂身を干した時に生じる油もそのまま家庭の灯火として利用される。骨を除く鯨のすべてをくまなく活用する。

このあたり、昔の日本の鯨の利用法と共通する点があって興味深い。文献によると江戸時代には食用の肉や軟骨以外にも、ヒゲや歯は笄《こうがい》や櫛《くし》などの手工芸品に、鯨鬚《くじらひげ》は綱に、皮は膠《にかわ》に、血は薬に、脂肪は鯨油に、採油後の骨は砕いて肥料に、マッコウクジラの腸内でできる凝固物は竜涎香《りゅうぜんこう》として香料に用いられた、とある。近代では鯨油は石鹸、マーガリンとしても利用された。また鯨の油はマイナス四〇度になっても凍らないのでロケットの潤滑油として今も利用されている。

私は夜、バカテナのラマファ、マティィウスの家を訪ねてみた。船上では凛々《りり》しい彼も普段は明るくはにかみやの青年だ。温かく迎えてくれ、夕食をご馳走になった。一番銛を入れたマティウスは心臓の部分を与えられ、アッサムと呼ばれるタマリンドの実を臭い消しの香辛料代わりに入れ、ムルンゲの葉とともに煮込んでいた。心臓は精がつき、また薬にもなるという。血液分が濃いと言われるマッコウクジラの肉も口に入れてみると、新しいせいか、臭みはそれほど気にならない。

ラマレラの鯨の料理法は原始的と言ってもいいものだったが、とにかくすべての栄養を摂るという意味では理にかなっていた。同じく捕鯨の歴史を持つ日本の食べ方とはずいぶん違う。

近代の日本ではマッコウクジラの肉は臭みが強いのでほとんど食用にはされなかった。もし食べる場合でも徹底的な血抜きが行なわれた。深海に潜るマッコウクジラの筋肉には、多量の血液が含まれているからだ。それに比べ、ミンククジラやシロナガスクジラなどのヒゲクジラ類は好んで食べられてきた。その料理法もさまざまで、一八三二年に著された『鯨肉調味方《げいにくちょうみかた》』には、すき焼きのようにしたり、揚げ物、焼き肉風など七〇種ほどにも上る鯨の部位の料理法が記されている。私たちになじみのある料理法を思い出してみても、竜田揚げや、脂身のベーコン、尾の身などの刺身、皮の唐揚げなど挙げていけばきりがないほどだ。では、過去の日本においてマッコウクジラは全く食べられなかったかと言うと、そうでもなく、捕鯨基地があった宮城県石巻市鮎川では血抜きをした上、ショウガなどの香辛料で臭みを消して食べていたそうだ。ただ、同じ歯クジラ類であるツチクジラを捕る千葉県南房総市和田ではラマレラと同じようにかつては血抜きをせず、「血を味わうもの」として食していたという。漁法と言い、食べ方と言い共通項が多くて興味深い。また鯨油の残りかすを揚げた「コロ」は、私たちにもなじみがある。

私は白いご飯の上に鯨肉を載せた鯨ご飯をいただいた。辺境暮らしの長い私の舌が野卑なせいかもしれないが想像したよりずっと美味だった。勧められるままにお代わりまでした。食卓

を一緒にしたマティウスは、精力がつくと言われる心臓の肉をうまそうに頬張りながら、

「これでまた明日への力が湧く」

そう言って白い歯を見せた。

物々交換の市場

鯨が捕れた翌々日には解体も終わり、髄までえぐられた骨が浜に転がっていた。全長一〇メートルもの巨大な骨。私の人生でこれほど見事な生き物の食べカスを目にするのは初めてだった。肉の一片も残っていないその様は、巨人にナイフとフォークできれいにさばかれ、平らげられた巨魚の骸骨《がいこつ》のようだ。そして頭骨は村人の手で海まで転がされ、満潮で流されるのを待つ。鯨の頭骨には魂が宿っているから海へ帰すのだと、エバンが教えてくれた。エバンによると、かつてジャカルタから来た学術関係者が鯨の頭骨を持ちかえろうとしたことがあった。鯨の頭骨には魂が宿るからと反対する意見もあったが、買い取るという申し出に村人は結局折れた。しかし、その後、全く鯨が捕れなくなり、売った人間が大いに責められたという。そんなこともありラマレラでは、ますます鯨の頭骨の扱いが丁寧になったそうだ。

浜から集落へ歩くと、あたりに天日干しにされた鯨の臭いがぷんと立ちこめている。鯨の肉

は捕れるとすぐ、海水で洗い、軒先に干す。そこここで鯨肉をさばく男たちの姿があり、鯨肉を浜へ洗いに行く女たちとすれ違う。軒先に吊り下げられた鯨肉の下には、したたり落ちる油を受ける桶《おけ》も置かれていて、何ひとつ無駄にしないラマレラの人たちらしい。

そうした作業が一通り終わると、安息日であるこの週の日曜日、村はお祭り状態になった。ただでさえ、何がしかの理由をつけて会食をすることの多いラマレラ。鯨が捕れて祝わないはずはない。女たちは輪になって踊り、男たちは椰子酒を回し飲みする。

鯨の干し肉もいいつまみだ。私も仲良しのゴリス・プアンというラマファァに誘われて輪に入り、椰子酒をご馳走になる。誰かが、

「ボンがいると鯨が捕れないと思っていたよ」

と笑う。良かった。その「伝説」も笑い話になったようだ。

鯨が捕れたおかげで、私も自由にラマレラの周辺を動き回れるようになった。これまで鯨が出るのを恐れて浜のそばから離れることができなかったからだ。まず待望のウランドニ村の市へ行くことにした。ウランドニはラマレラから東へ七キロ、二時間弱の海沿いの道を行ったところにある先住民の村だ。毎週土曜、昔から山の民と海の民が物々交換してきたという市はとても楽しみだった。かつて名ラマファァだったハリの妻、マエと出かけた。マエは、頭に鯨肉を

入れた容器を載せ、他の女たちとおしゃべりしながら楽しそうに歩く。

椰子の木の間から青い海が覗き、朝方は涼しく、なかなか快適な道のりだった。海沿いは切り立った岩肌になっており、波が岸壁を洗う火山島らしい光景が広がっている。こうした急《きゅう》峻《しゅん》な光景を目にすると、この島ではラマレラのように砂浜が広がる地形がとても珍しいことがよく分かる。遠く安住の地を求め、海を渡ってきたラマレラの先祖があの地を選んだのは偶然ではなかったのだと理解できた。

「勝ってくるぞと勇ましくー」

マエが突然軍歌を歌い出す。占領時代に覚えたのだろう。彼女のサービス精神はうれしいが、対応のしようがないので、笑顔で返す。マエの歌を聴いていると、南海の果てで見つけたつもりの太古鯨漁が、私が訪れる半世紀以上も前に日本と深い関わりを持っていた事実を思い知らされ、自らの不明を恥じたくなる。

やがてウランドニに到着する。木陰に腰を下ろした女たちが一〇〇人くらいだろうか、風呂敷包みのような布を広げ、大きなお盆にバナナやトウモロコシを入れて市の開始を待っている。マエもその間に割って入り、一緒に来た女性たちとともに腰を下ろす。

すると野球帽をかぶった青年が現れ、五〇ルピアを要求した。青年は役人で、税金を求めているらしい。日本円で約二円に過ぎないのだが、マエは首を縦に振らない。税金が徴収されるずっと前からこの市に参加してきたマエは納得がいかないのか、税金を払わなかった。

「お金持ってないからね」

とマエが笑う。どうやら現金がなければ払わなくてもいいらしい。

やがて市場開始の笛が鳴り、一斉に取引が始まった。それぞれ交換比率が決まっており、鯨一切れについてトウモロコシ一二個という風に定められている。山の民は他にもバナナやイモ、パイナップル、ココナッツなどさまざまな食べ物を用意していた。

交渉はどっかりと腰を下ろした山の民の間を海の民であるラマレラの女たちが忙しげに回るという図式で行なわれていた。ラマレラの女たちは塩や石灰も持参していたが、やはり物々交換の中心となるのは鯨肉だ。しかし現金を要求する山の民もいて、交渉はなかなか骨が折れるようだ。

ラマレラの男たちが命懸けで捕った鯨の肉。女たちも必死で売ろうとしている。やがてほとんどの取引が成立し、市はすぐにお開きになった。マエは果物やトウモロコシを山盛りに積んだ容器を頭に載せる。三、四〇キロはあろうかという食料を運びながら、満足そうに笑顔を見せると帰途についた。

マエは言う。

「わたしたちは捕れた鯨肉のほとんどを、こうして交換してしまうのよ。干して貯蔵してある鯨の切り身も、休漁期にまた交換に行くの」

意外なことに鯨肉は、ラマレラの民の胃袋には入らずに、そのほとんどが交換され、トウモロコシなど別の食料や日用品などに代わっていた。つましい海の民は、貴重な鯨肉を自分たちで食べてしまうのはもったいないと考えているようだった。鯨肉は単に蛋白源としてではなく、通貨のように、ラマレラの民の生活を支えていた。

プネタン

マエが言うように、鯨が捕れても、市だけではすべての鯨肉を売りさばくことはできず、ラマレラの主食であるトウモロコシも十分手に入らない。そのため、女たちの重要な仕事のひとつに鯨の干し肉を持って、ラマレラ周辺の村落に行商に行くという役目がある。深夜に出かけ、時には数泊しながら売り歩くこの仕事はプネタンと呼ばれとてもハードだ。

同行したのは、ラマファであるゴリス・プアンの妻、エタ。鶏の鳴き声で目を覚ますと四五歳のエタは、一六歳になる息子のボリを連れて、まだ夜の明けぬラマレラを出発した。急な山道を、鯨肉をはじめ海の幸を籠に満載し、エタとボリは頭に載せて歩く。それぞれの重さは二、三〇キロはあるだろう。

三時間ほど歩いたところで、集落に着き、一軒、一軒、民家を回る。お得意先というのは決まっているようで、すんなりと取引が成立していく。この時は鯨肉と引き換えにトウモロコシとバナナを手に入れた。そしてまた険しい山道を行き、次の集落へ向かう。この繰り返しだ。新しい村に着くと、地元の女たちが寄ってきて、今度は交渉が始まった。

「この魚小さいんじゃない？」

飛び魚が人気のようだ。

「そんなことないよ」

「干してないじゃない」

エタは魚を取り出し、アピールする。

「こんなに新鮮よ。だからバナナもつけなさいよ」

こんな感じで交渉が進む。お手伝いのボリはその様子を何も言わずじっと見ていた。

帰り道、籠いっぱいにトウモロコシとバナナを頭に載せ、急峻な山道を降りていく。それぞれの籠は重さを増し四〇キロにもなっていた。昼過ぎにラマレラに帰り着いたエタは、家へ着くとその場にしゃがみ込んだ。頭痛がするという。

「大丈夫ですか?」

そう尋ねると、

「大丈夫。プネタンはラマレラの女の役目だから」

苦しいだろうに笑みを作り、そう答えた。

男たちが命懸けで捕った鯨だから、女も体を張って食料と交換しなければならない。エタは口にこそ出さないが、そんな気持ちが伝わってくる。事実、プネタンができない女はラマレラではお嫁に行けないと言われるほどだ。

今回のエタのプネタンは一日だけの短い行程だったが、鯨が多く捕れた時など、三、四日かけて山を歩くことも珍しくはない。鯨漁に負けないくらいハードな仕事であり、女たちは鯨漁の縁の下の力持ちだった。

エタの様子を心配そうに見ていたボリに、疲れてないのかと問うと、

「大丈夫。もう大丈夫」

と大きな黒い眼をぐるりと回して笑う。

ボリは小学校五年生の時に学校を止め、マトロスになった。今は妹たちが大きくなるまでは

漁の合間をぬって、このように母のプネタンの手助けをしている。彼は今の仕事に満足しているのだろうか。

「本当は学校の先生になりたかった」

と、その時の気持ちを明かしてくれた。

ボリの乗るプレダンは父がラマファを務めるプレダンとは別の船だ。獲物が全く捕れないことの多いラマレラの漁では、そのリスクを少しでも減らすために、わざと船を代えたという。

先生になれなかったボリの今の夢を聞いてみた。

「立派なマトロスになること」

そう言って、ボリは、はにかみながら、真っ黒な顔に白い歯を見せて笑った。

第六章　鯨の眼《め》

撮り残したもの

ついに念願の鯨漁撮影に成功した私は、帰国し、その成果を雑誌で発表した。グラビアに掲載された写真群は、銛一本で鯨と闘う男たちの勇姿をしっかりと捉え、人間という生き物の凄さを伝えていた。ラマレラ村の鯨社会は江戸時代まで伝わった日本の伝統捕鯨を彷彿させ、読者の心を捉えて大きな反響があった。四年間にわたる忍耐の取材が、経済的にはともかく、「しごと」としては大いに報われたのだ。あとは撮り貯めた写真を本にすれば、この仕事は終わりのはずだった。そのための写真の量も質も申し分がなかった。

しかし、私の心はなぜか晴れ晴れ、とはいかなかった。苦労をした末にひとつのことをやり遂げたという充実感はあったが、心のどこかに、ある何か大切なものを撮り残している、そんな気がしてしょうがなかったからだ。

ただその撮り残したものが何であるか、帰国してもしばらくは、分からなかった。だが、何度もなんども写真を見返すうちに、現場で感じていながら、写真に撮れていない、あるとても大事な主題があることに気がついた。

その「あるもの」を求めて、また取材に行くべきなのか。自問自答した。灼熱の海であてどなく鯨を待ち続けた苦しい日々が瞼に浮かぶ。初めての「鯨」に四年もかかった。次回だってすぐ鯨が捕れるとは限らない。経済的にも問題があった。すでに成功した鯨漁の再取材に、雑誌がスポンサーになってくれるとは考えにくかったからだ。

最初の鯨取材は泥沼への道だったが、今後は破滅への道筋となるかもしれない。しかしどうなろうとも、取材の続行か、打ち切りか、その選択で迷うことはなかった。それはラマレラの鯨漁の取材が、自分にとって写真家としてのひとつの仕事としてではなく、自分の存在意義を賭けた挑戦とでも言えるものとなっていたからだと思う。

鯨漁取材を継続した私がその撮り残した「あるもの」の撮影に成功するのは、その三年後、鯨を追いはじめてから七年目のことだった。

サンガの死

七年目のその年もレファと呼ばれる鯨漁シーズンの開幕に合わせて、村に入った。浜には前日捕れたばかりという鯨の頭が転がっていて驚く。こうしてみると当初四年間も鯨漁に遭遇できなかった自分はよっぽど運が悪かったのだろう。

村人は温かく迎えてくれたが、悲しい知らせもあった。名ラマファで、マンタ漁にも同行した、あのサンガが亡くなっていた。驚いた私は、とるものもとりあえず入り江にあるサンガの家を訪ねた。サンガの妻は、玄関先で私の姿を見るなり大粒の涙を流した。もう還暦を過ぎているとは言え、サンガは体も大きく、頑健で現役バリバリのラマファだった。私は信じられないという気持ちでそのいきさつを尋ねた。

「パパ・サンガは鯨と闘った時の傷がもとで亡くなったの」

妻は目を赤くしながらも話してくれた。

九六年の一月、バレオがあり、サンガもケナプカという名のプレダンに乗って海へ出た。一番銛を入れたのは、サンガだった。大きな雄の鯨だったという。鯨との角度が合わなかったので、跳躍せずに銛を打ち込んだ。銛は命中したが、打ち込んだ瞬間に弾かれ、右肩を痛めてしまう。サンガはすぐプレダンに収容された。しかし肩の痛みは激しく彼自身が次の銛を打ち込むことはできなかった。それでも気丈にマトロスとして鯨漁に参加、鯨漁そのものは成功した。しかし帰漁後、サンガは寝込むことになる。妻の説明では詳しい傷の病名は分からなかったが、右肩の痛みは長引き、その後サンガは漁に参加することができなくなった。

結局一年後、その時の怪我が原因でサンガは息絶えた。誰も打撲が原因で死ぬとは思ってなかったので、大変驚いたという。

それにしても九六年一月のバレオと言えば、私も居合わせたはずだ。この年に限り、レファではなく、雨期である新年明けにラマレラを訪れたのだ。当時私は浜で取材をしており、鯨漁の瞬間は目撃していない。ましてサンガが負傷していたことには全然気づかなかった。私は自らの不明を恥じた。

玄関先で妻と話し込みながら、玄関から見える鯨の骨に目をやった。サンガの家の軒先には、鯨の骨で造った垣根がある。多数の骨が並べられたその様子は彼の歴戦の証のようにも見える。鯨と闘って命を落とす、ある意味彼らしい死に方だったのかもしれない。

「サンガは、ラマファとして、きっと素晴らしい人生を送ることができ、幸せだったと思います」

私がそう言って、妻の肩に手を置くと、彼女は涙をぬぐって、にこりと笑った。

翌朝、妻に連れられてラマレラの西の高台にある共同墓地へお参りに行った。海を見下ろすこの墓には、船をかたどったパステルカラーの石棺などが並び、じめじめとした雰囲気は微塵《みじん》もない。素朴だが、カトリックらしい西洋風の明るい墓地だ。サンガの墓石がどれか、すぐ分かった。

「体が大き過ぎて、棺に入らなくて困ったの」

そう言ってサンガの妻が微笑んだ。身長一八〇センチ以上あったサンガはラマレラでは大男だ。先祖代々の墓のサイズが合わず、やむなく墓を拡張したという。サンガ家の墓石だけ、通路にはみ出していて、これには思わず私も微笑んだ。死んでもサンガはなお、サンガらしい。

墓地を見渡すと、一〇〇を超える墓が並び、雲間から差す朝日を浴びていた。この中には同じように危険な銛打ち漁で命を落とした鯨人も眠っているはずだ。その光景を眺めながら、四〇〇年にわたり変わらぬ鯨漁に命を捧げてきたラマレラの男たちと、それを支えてきた女たちの歴史に思いを馳せた。

鯨の眼

この年、レファになってひと月後、プレダンが鯨の大群に遭遇した。この時の漁は凄まじかった。東からの速い潮流、オレに乗って二十数頭の鯨の群れが現れた。それを追うプレダンの船団。

まず先頭を行くプレダンが鯨に銛を打ち込んだ。銛はうまく命中したが、猛烈な勢いで船を引き始めた。ラマファは船に戻ることもできずにおいてきぼりだ。鯨は大暴れし、銛綱が船側に流されてしまう。鯨に引き回される時、銛綱が船首から伸びていないと危険だ。やはりプレダンが横倒しになる。

私はエンジンボートから望遠レンズでその様子を撮影していた。すると、次の瞬間、船の姿がファインダーの中から消えた。びっくりしてカメラを下ろし、プレダンがあったはずの場所を見渡す。するとボートを操縦していたゴリが「セラム（沈んだ）」と呟いた。鯨にプレダンごと海中に引きずり込まれたのだ。

ゴリに命じて、そばまでボートを走らせる。するとマトロスたちは立ち泳ぎをして、船が浮上するのを待っていた。私もボートを止めて船を待つ。やがて、プレダンが浮上、逆さまになったまま、水しぶきを上げて海上を引きずられている。信じられないような光景だ。そして、そのあとを追い、二番銛を入れようとする別のプレダンの姿も見えた。泳いでいるマトロスたちを救いに他のプレダンも船体を寄せてくる。このように鯨漁は船が転覆した場合、二艘以上のプレダンが協力しないと鯨漁が続行できない決まりだ。一艘が救助、もう一艘が鯨を追う。

「ボン、こっちだ！」

ゴリの声に振り返ると、そこでもプレダンが転覆していた。ひっくり返ったプレダンの船底に三人のマトロスが摑まっていた。ボートを回して助けに行こうと言うと、

「必要ない」

とゴリ。周辺には多数のプレダンがいた。私はまた鯨を追うことにした。鯨漁はそこここで行なわれていた。鯨に銛を打ち込む船、鯨を追い込んで五艘で囲むプレダンの姿もあった。どれを追うべきか迷うほどだ。

「いったい、今日はどうしたんだ」

とゴリが叫ぶ。

「こんなにたくさんの鯨は見たことがない」

そんな中、マトロスを一人乗せたシカテナが、逆さまのまま、水上スキーのように海上を滑っているのに気づいた。駆けつけると、その先に二艘のプレダンが鯨に引かれていた。三艘のプレダンを引きずるなんて、相当の大物だ。先頭のプレダンは、今年新造されたクルルスだった。九四年の事故で鯨に破壊され、今年あらたに造り直したクルルスが今もまた、巨大な鯨に引き回されている。私は水中撮影の準備をしながら、そのタイミングを計った。

鯨は依然として元気で、時には尾ビレを振り上げて海中に潜ったり、海上に背中を出したりして、勢いよく泳いでいる。もっと弱らないと、私が潜るわけにはいかない。

クルルスの周りには他の鯨もやってきていた。群れで行動する鯨は、仲間がやられると、助けに来る。鯨のこの習性は、ラマレラではケアと呼ばれ、危険な状態でもある。つい二週間前にも私はプレダンから鯨漁を撮影していたのだが、そのときは加勢に来た鯨が私の乗っているプレダンに体当たりし、危うく海に投げ出されそうになった。

ラマレラの男たちも、手負いの鯨以上に、ケアに来た鯨に用心している。プレダンが漁の時に底から鯨に体当たりされて、ふたつに割られて沈没することがあるが、そういう時には決まってその鯨は襲われている方ではなく、仲間の鯨である。船上にいるのに、頭を出した鯨に噛まれて大怪我をしたマトロスも少なくない。海中から撮影するには、この鯨の群れがあきらめて去るまで待たねばならない。

私は逃げる鯨を撮影しながら、アフリカで見た、ライオンに襲われる水牛の群れのことを考えていた。水牛もやはり仲間が襲われると助けに来る習性がある。臆病《おくびょう》なくせに群れでライオンに立ち向かい、時には追い払ってしまうこともある。しかし襲われた水牛が弱って助かる見込みがないと分かると、踵《きびす》を返して置き去りにする。今、加勢に来た鯨たちは、どんなことを考えているのだろうか。

カメラを置くと、今度は水中カメラに持ち替えて、セッティングをチェックした。高ぶる気持ちを抑えるように、大きく深呼吸をする。三年前鯨漁の撮影に初めて成功したのち、撮り残したものに気がついた。その撮り残しというのは鯨の心だった。海の上の物語、つまり人間の物語は十分撮れていた。しかし、海の中の物語はどうだろうか。瞼を閉じれば、もがき苦しむ鯨の姿が鮮明に浮かび上がってくる。水中の鯨は撮ったけれども、あの必死に生きようとしていた鯨の心の内は撮れただろうか。初めて鯨が水中で悠々と泳ぐ姿を眼にした時の、まるで命の母に出会ったような感動は忘れもしない。その大いなる存在に銛を突き立て、命を奪ったのだ。命のやりとりは生き物の宿命と割り切っていた自分だが、鯨の悲鳴は、いつまでも耳に残っていた。海の上の物語を撮るだけでは、フェアではないのだ。海の中の鯨のドラマを合わせて提示できてこそ、この取材は完全なものになる。前回の撮影では、その鯨の心が、写真に写っていなかったのだ。いくら鯨がのたうつ姿を撮っても、鯨そのものが巨大過ぎて気持ちが伝わってこなかったのだ。

そうした思いを巡らしている間にも、鯨と男たちの死闘は眼前で繰り広げられていった。三艘の船が船体をぶつけ合いながら、鯨に引かれていく。しかし、引かれながらも攻撃の手が弛《ゆる》むことはない。前方を引かれていく二番船の方に、一番船のラマファが乗り込み、鯨との間合いが接近すると、さらに銛が打ち込まれた。

三番銛、四番銛がこれでもかと打ち込まれる。跳び込んだラマファたちはずぶ濡れになって船に戻り次の銛に備える。鯨は血の混じった潮を噴き、苦しげに三艘の船を引きながら絶望的な逃走を試みていた。

　傍らには、二頭の鯨がずっと手負いの鯨のそばを併走しているのが見える。まだ助けようと試みているのだろうか。それとも最後の別れを惜しんでいるのだろうか。手負いの鯨に体を触れ合わんばかりに接近したり、そのすぐ下を潜ったりしてなかなか去ろうとしない。

　しかしラマファたちの執拗な攻撃がしばらく続き、さらに鯨が弱ってくると、ふっと踵を返すように仲間の鯨たちの姿が消えた。とうとうあきらめたのだ。


　ついに眼を撮影するチャンスがやってきた。去って行く仲間の姿を確認すると、鯨が十分弱っているのを見て、エアタンクを背負わずにマスクとシュノーケルだけで私は海中に身を投じた。呼吸ができないので、海中にいる時間は短くなるが、エアタンクは銛綱が絡むと危険だし、身軽な方が鯨に噛まれたり、尾ビレの一撃を避けやすいと判断したのだ。

　海中はやはり真っ赤に染まっており、血の海をシュノーケリングしていく。血にまみれて泳いでいると、生息数が減ったとは言え、やはりサメが出そうで気持ちは悪い。ただ、神経は鯨に集中していた。何と言っても今回は眼を撮るために鯨の体に直接触れなければならないのだ。サメごときを恐れている場合ではない。

尾ビレを避けて鯨の進行方向に九〇度の角度で辿り着くと、鋭い歯がある顔の部分を避け、横腹から黒く大きな鯨の背中にめがけて泳いでいった。鯨はかなり弱っていたのだが、それでも背中に刺さった銛鋼にしがみつくと、ぐいっと引っ張られるほどの衝撃を感じた。

水中でバランスを崩した私は、体勢を立て直そうとあがいた。シュノーケルなので、頭が上でないと呼吸ができない。ところが、鯨は、あろうことか水を切りながら、加速し始めた。ほとんど虫の息だと思っていたので、これには焦った。

スピードが上がり、水勢でマスクをもぎ取られそうになる。何とかカメラを手で押さえてしがみつく。悪い予感に自分の体から血の気が引いていくのが分かった。そして予感は的中した。一度体が浮き上がったと思ったら次の瞬間自分の体が逆さまになっていた。海中に潜ろうとしている。

かなり覚悟を決めて撮影に挑んだつもりだったが、これにはさすがに動揺した。鯨の背中に乗ったまま海中に潜っていくなんて、もちろん想定外だし、どう考えてみても狂気の沙汰だ。己を罵りながら、鯨とともに海中へ落ちていく自分を感じていた。

南海では、海面から数メートルでも深くなると、水温が急に下がる。しかも海中にはまるで噴水のように鯨の血が噴き出している。恐怖感は増すばかりだが、もうここまで来たら、やることだけはやらなければならない。水圧が上がり締め付けがきつくなったマスクに肺から空気を送り込みながら、鯨の眼を探すために、銛の根元に右手をかけたままぶら下がり、血の中に頭を突っ込む。

これまで撮ることができなかった鯨の心、どうしたらその心を撮ることができるか。もがき苦しむ姿だけでは、鯨が巨大過ぎて伝わらない。だからその表情を撮らなければならない。しかし、大きな鯨のどこをどう狙えばその表情が撮れるのか。悩んだあげく出した結論は鯨の眼を撮る、というものだった。鯨は言うまでもなく哺乳類だ。だから魚類と違い、死ぬと眼を瞑る。逆に言えば生きている時には、その眼には必ず感情が現れるに違いない。死に物狂いで鯨人と闘っている最中の鯨の眼を撮れば、その心が撮れるに違いない、そう考えたのだ。

やがて、赤い血潮の合間にかっと目を見開いた鯨の眼が見えた。すかさず左手に持った水中カメラをその眼に被せるようにしてシャッターを切った。鯨の眼は赤く血走り、食われてたまるかというように、いきり立っている。その眼を見た瞬間、鯨の眼から発する炎のような怒りが、全身に伝わってきた。動物が発する断末魔の叫び、その時の眼というのはこれまで何度も見てきた。かつて取材したトラジャの生贄では、喉笛を裂かれた水牛が突進してきて、至近距離で撮影していた私は踏まれそうになったこともある。アフリカのサバンナでは、ライオンに襲われたヌーが悲壮な抵抗をしている姿を目撃した。どちらも血走った狂気の眼をしていた。しかし鯨の眼はそうした陸上の動物の断末魔の、どの眼とも違っていた。血の海から垣間見えるその眼がこちらを睨《にら》んだ瞬間、神の逆鱗に触れたかのように私の全身が鯨の怒りで貫かれた気がした。

鯨は本来やさしい動物で、遊泳中にダイバーが視界に入ると、尾ビレがぶつからないように避けてくれる。だから鯨を撮影するダイバーは後ろからではなく、必ず前から鯨に接近するのがセオリーだ。そして至近距離になると、傍らを通り過ぎるダイバーに眼をやって、鯨の目玉がぐるりと動く。それを実際に体験したダイバーはその優しい眼差しに心をうたれたと語ってくれた。もちろん今は状況が全く違うのは言うまでもない。鯨は遊泳しているわけではないのだ。そして普段優しければやさしいほど、その怒りは反比例するかのように底深く感じられた。大いなる怒りの眼は、裏切り者を見据える王者のように私を睨みつけている。私は恐怖心を掻き消すかのように、ひたすらシャッターを切り続けた。

銛綱にぶらさがりながら、半身で撮影をしていると、ふっと眼が霞み、周囲が暗くなってきた。一分以上呼吸を止めていたせいか頭がぼうっとしてきた。「やばい」と心の中で呟きなが

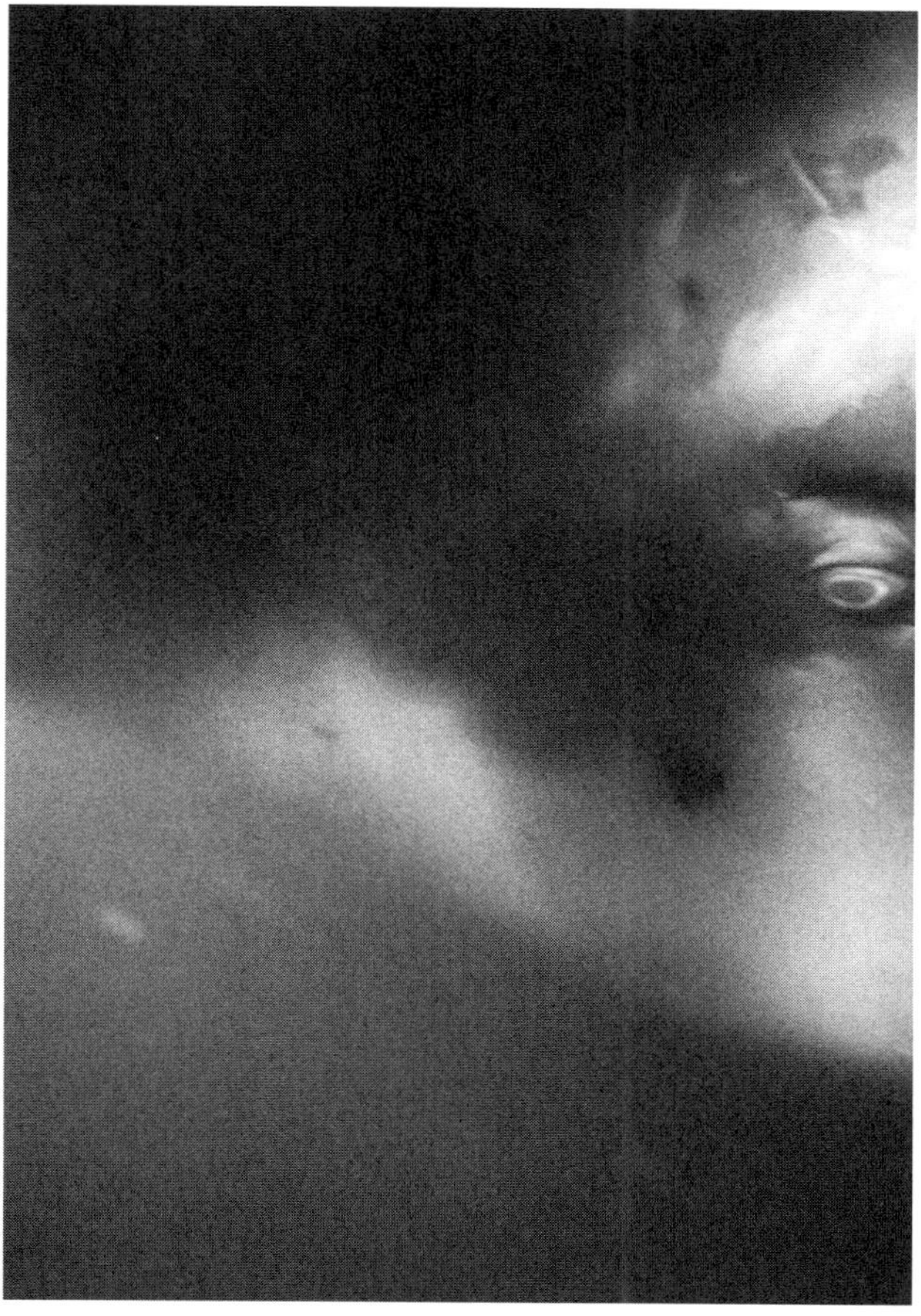

ら、眼には闇に浮かぶ幻のように鯨の頭が現れては消える。鯨の背中に刺さった銛綱に必死にしがみつきつつ、上を見上げた。眩しい太陽の光とともに、プレダンのシルエットが映っている。これ以上水面が遠ざかったら、手を放そうと心に決める。

その時、これまで水流に飛ばされそうになっていたシュノーケルのぶれが止まった。弱った鯨が浮上を始めたのだ。気がつくと海面はすぐ頭の上まで来ていた。深く潜った気がしたが、実際は一〇メートルもなかったのだろう。チャンスだと思った私は、ノーファインダーで眼のあたりめがけてやみくもにシャッターを切った。手にしているカメラは二コノスと二〇ミリレンズで、ピントすらも目分量で合わせるシンプルなカメラだ。四〇センチの最短距離固定にして、しかもいちいち巻き上げながらシャッターを切る。そうやって鯨の眼をアップで撮った。

今度見た鯨の眼は穏やかで、遠くを見つめているような眼差しが不思議だった。先ほどまでの怒りが嘘のようだ。観念したのだろうか。落ち着くと、とりついた鯨の背中を通してその温かみが感じられた。鯨の大いなる悲しみまでが、肌のぬくもりを通して全身に伝わってくるようだ。背中にとりついている私には、視界すべてを鯨の巨大な背中が覆っている。まるで山のようだが、その山が泣いているように感じられた。それはかつて味わったことのない、言いようがない寂寥《せきりよう》の感覚だった。上に乗る私自身がその山の一部になったかのように鯨の気持ちが伝わり、覆われていくようだ。私はまるで鯨の最期を看取るために潜ったかのような気持ちになってきた。

　だが、感傷に浸っている時間はなかった。振り向くと、船の舳先に銛を構えて仁王立ちになったラマファの姿が目に入った。クルルスが追いついたらしい。何かを必死に叫んでいる。「危険だ」と言っているようにも、「どけ」と怒鳴っているようにも聞こえる。おそらくその両方だろう。私の目的はすでに達成した。銛綱から手を放し、尾ビレを避けるようにして鯨から離れる。鯨に引かれて海面をゆっくり走るクルルスのアウトリガーに摑まり、マトロスに引っ張ってもらいながら、船上に這い上がった。今度はクルルスのマトロスたちが、入れ替わるように、海に跳び込む。長柄包丁で止めを刺すためだ。

　鯨はその後、半時間ほど抵抗を続け、息絶えた。私は再び鯨の眼を探したが、すでにその瞼は閉じられていた。動かなくなった鯨を見つめながら、私は肌を合わせて鯨と一緒に海中へ潜った不思議な時を反芻した。最後に見た鯨の静かな眼を一生忘れることはないだろう。

　その黒い瞳は深海に消えていく光のように、果てしなく青い闇をたたえていた。

事故

私が鯨の眼の撮影に成功した日は、一度に七頭の鯨が捕れるという、ラマレラでもめったにない大漁に恵まれた。ラマレラの浜狭しと、鯨が並び、村は大騒ぎだった。しかし、喜びの陰には犠牲者の姿もあった。ケバコプカのラマファが鯨に銛を入れ、銛綱が張った瞬間に事故は起きた。マトロスの一人、デモが足を銛綱と船の間に挟まれてしまった。鯨の物凄い力で引かれたら人間の足などひとたまりもない。負傷したデモはすぐさまジョンソンで岸まで運ばれ、ボートごと浜辺に引き上げられた。デモは左足がねじれており、女たちの悲鳴が上がった。村人総出で、デモを取り巻くようにして見守る。妻が体を震わせながら、両手を挙げて大声で泣く。普段はおとなしいラマレラの女たちだが、こんな時、その感情表現は激しい。危険な鯨漁に就く男たちの身を常に案じているせいか、抑えていた感情が溢れ出るのだろう。デモも「痛いよう」と大声で叫んでいる。

この状態では、すぐに手当をしなければならない。しかし、ラマレラには病院がない。ボートに乗せて、四、五時間かけてフローレス島の病院まで運ばなければならなかった。ところが、村人たちはすぐにはデモを運び出さなかった。どうしたのかと不思議に思っていると、

「海の災いには必ず原因がある。村の掟で、まずその災いのもとを取り除かなければいけない」

と説明された。デモの場合は家族の間で諍《いさか》いがあったという。ランゴ・ベラという儀式の家へ運ばれたデモのもとに家族が呼び出され、話し合いが持たれた。和解が成立したのち、初めてデモは病院へ向かうボートに乗せられた。私は村人たちとともにデモの無事を祈った。しかし、後日、デモは足を切断することになる。

ラマレラの歌

デモは私にとって縁のある人だった。何度も同じ船に乗り、漁に出た。ラマレラのフォトエッセイを掲載した雑誌の表紙にデモの写真を使ったこともある。また、私の親しいラマファ、ゴリス・プアンの妻がデモの妹だった。

事故の直後、ゴリス・プアンがデモの息子、パウルスを見舞うと、パウルスは声を上げて泣いていた。

「父親がこんな目に遭うなんて信じられない」

そう声を震わせていた。デモが漁に出ることは二度とないだろう。ゴリス・プアンは言う。

「ラマレラの男たちには何の保障もない。もし事故が起こったら、あとは家族や親戚で助け合うしかない」

ラマレラでは鯨漁を通して、相互扶助の仕組みができ上がっている。それが救いだった。おそらくデモは何らかの形でこれからは船造りなどに関わり、獲物の分配を受けることになるのだろう。

私はその翌日、パウルスのもとを訪れ、気落ちした彼を慰めた。パウルスの家からは、海が一望できる。落ち着いたところで、煙草を差し出し、波を眺めながら一緒に吸った。

「父親があんなことになって、これからも海へ出るのかい?」

「もちろん、出る」

「鯨が怖くないのかい?」

「怖いよ」

とパウルス。そして言葉を継いだ。

「俺はラマレラの男だから、海に出るのは当たり前のことだ」

海に生まれ、海に生き、海に死す。たとえそれがどんなに危険でも、ラマレラの男の生き方なのだ。彼はそう言いたかったに違いない。

七年にわたる取材を終え、私はラマレラをあとにした。村人たちは浜まで出て、温かく見送ってくれた。定期船に揺られながら、遠ざかる浜をいつまでも眺めた。考えてみれば三〇代のほとんどを、このラマレラの取材に費やしたことになる。

初めてこの村を訪れた時のこと。鯨が出ずに苦しんだ日々。サンガやエバンとのふれ合い。そして鯨漁。さまざまな出来事がつい昨日のことのように思い出された。

「ボン、鯨は友人なのだよ」

私の七年越しの友人であり、ラマファでもあるゴリス・プアンは最後の取材で、鯨との関係をそう表現した。たとえ命懸けの死闘を繰り広げていようと、鯨なしでは村が成り立たない。そのことをラマレラの民はよく知っていた。

そして、こう言葉を継いだ。

「自分たちは食うために必死に鯨と闘う。鯨も生きるために必死に抵抗する。どちらが勝つかは神様が決めることだ」

群青色の海に、白い航跡が筋を引く。白波を眺めながら、私はもう一度、その言葉を反芻した。

食うために、生きるために命懸けで体を張るラマファ。同じように生きるため、食われないために死に物狂いで暴れる鯨。その闘いを目の当たりにして感じたのは、太古の昔から人類と他の生き物が延々と繰り広げてきた生の営みそのもの、その最も原初の形を目撃したという感覚だった。その行為は、野蛮でも残酷でもなく、むしろ神聖であり、崇高にすら見えた。生き物と生き物との間で交わされる命のやりとりの崇高さに、私は痺《しび》れるほど心を動かされた。その高みの前には、今、話題になっている鯨の保護か捕鯨かというような時事的な問題はむしろ些少《さしょう》に思えた。すべての生き物は生きるために他者の命を奪う。それは殺戮《さつりく》ではなく、命の循環であり、尊い生の営みなのだ。鯨の眼から怒りの炎が消えた時、そこに宿ったのは、この世に生を享けた命あるものすべての逃れられない運命への悟りであり、諦念《ていねん》であったかのように私には見えた。

最後に安らぐかのように巨大な鯨が眼を瞑り、命の灯が消えた時、私の心に溢れたのは、感謝の気持ちだった。海中を悠々と泳ぐ鯨は神のようだったが、死してなお母のようだった。

船は岬を越え、ラマレラの村はもう視界から消えていた。次に訪れるのはいつになるのだろう。その時鯨漁はどうなっているのだろう。

ラマレラにはこんな村の歌がある。ゴリス・プアンの子どもたちが通う小学校を訪れた時、児童が歌ってくれた。

愛《いと》しのラマレラ
辺境の静かな村
船だけがたよりを運んでくる
波だけがたよりを運んでくる
忘れ得ぬ島
名もない漁師たちのくに

鯨漁を通じて、人々がひとつになった奇跡のような村、ラマレラ。ここには環境問題や自然保護の概念ができるずっと前からの、太古の時代から続く、鯨と人間が織りなす悠久の営みがあった。

それはラマレラの入り江で太陽を浴びて青く輝く珊瑚のように、南太平洋に浮かぶ辺境の小島で眩しい光を放っていた。

太陽の土地、ラマレラ。あなたたちが教えてくれた命の尊さと厳しさを私は生涯忘れることはないだろう。

エピローグ

一三年ぶりの再訪

乗り合いトラックが大きく揺れるたびに乗客から歓声が上がる。米や鶏、豚、そしてレンバタ島の住民を満載したトラックは難所に差し掛かったようで、道路の土砂を避けてゆっくりと迂回している。私は他のインドネシア人とともに幌《ほろ》付きトラックの縁に摑まりながら、窓外を流れる木々の緑を眺め、懐かしい熱帯林の香りを嗅いでいた。隣に座っている現地人らしい浅黒い小太りの女性に尋ねると、携帯電話をいじりながら、「もう一時間もすればラマレラ村に着くよ」と教えてくれた。二〇一〇年四月、鯨の眼を撮ってから実に一三年ぶりに私はラマレラを訪れようとしていた。

一九九七年にラマレラでの鯨漁撮影を終えた私は、その後、アジアだけではなく、南米、アフリカ、アラスカ、オセアニアなどの辺境地に取材対象を広げ、大自然とともに生きる人々の撮影を続けていた。撮影対象はさまざまだ。十字架を背負ったインディオとアンデスの氷河を登り、鯨やセイウチを撃ちに行くアラスカのイヌイットとともに暮らし、マサイ族とともにライオンを待ち伏せし、ヒマラヤを五体投地で聖地を目指す人々と歩き、モンゴルでは遊牧民族と馬で旅をした。その他、数え切れないほどの体験をしたが、そのどれもがエキサイティングで、驚きと、興奮と、そして感動に溢れていた。

しかしさまざまな土地で取材を重ねれば重ねるほど、ラマレラでの体験が自分にとっていかにかけがえのないものであったか、身に沁みて感じてもいた。鯨を捕ることに命を懸け、老若男女が力を合わせ、ひとつになって慎ましくも必死に生きていた。その姿は、シンプルな暮らしぶりと相まって、他のどの土地にも見られないほど、自然と人間との間に美しい調和《ハーモニー》を奏でていた。どんな辺境でも近代化や観光地化が進む現代で、鯨人の村が孤高を守る奇跡のような存在であることをあらためて強く感じていたのだ。

そんなラマレラを再訪するのは、旧い友人と再会できることもあり、とても楽しみだった。しかし同時にちょっと怖くもあった。シンプルなラマレラの暮らしも銛一本の鯨漁も、近代化が進む二一世紀の時代にいつまでも続くはずはない。ラマレラの変化が気になった。私の気持ちは、年老いてから初恋の人に再会するような、ためらいの気分と似てなくもない。現に近隣の島、フローレス島や、レンバタ島のレオレバからラマレラへの船便はすでになくなり、代わりにトラックを改造した一日一本の乗り合いバスが走っていた。島を横断する道路が開通したのだ。青い珊瑚礁の海に面したラマレラの浜からの上陸が好きだったので、ちょっと寂しく感じながらも私は陸の便がもたらす暮らしへの恩恵を思った。週に一便の船と一日一度のバスとの違い。それがどれだけ暮らしぶりの改善に役立つことだろう。

一二時にレオレバを発ったバスは夕方にはラマレラへ到着した。手作業によるものとは言え舗装された道を歩いて、ベンの家を目指し高台へ登る。見渡す村の姿は以前とそれほど変わりない。トタン屋根の家に混じって真新しい黄色い二階建てのロスメンが目につくくらいだ。石段を上がりベンの家の前に着くと、ラマレラA地区のマトロスたちが、車座になって会合をしていた。五月からのレファに備えてこの時期には多くの話し合いが持たれる。

その会合場所の前で、ベンの妻であるウディスと出会った。ウディスは民宿の客と勘違いしたらしく、集会の邪魔にならないように笑顔で私の手を引く。私が「ベンのことは聞きました」と話しかけると、驚きの表情を見せ、「おお、ボン！」と声を上げた。皺が刻まれ、髪に白い物が増えた私はずいぶん変わって見えたらしい。「おお、ボン」ともう一度声を上げると、ウディスの大きな黒い瞳から涙が溢れ出た。

ウディスの涙には理由があった。ベンが七年前に亡くなったからだ。当時、ひどい頭痛や寒気など体調不良を訴えたベンは、英語教師の職を休み、フローレス島のラントゥカで入院生活を送る。しかし病状はいっこうに改善せず、悪化するばかりだった。治る見込みがないと知った家族は、ベンをラマレラへ連れて帰る。担架で高台の家へ運ばれたベンは、数日後、生まれ育ったこの村で亡くなったという。

ベンは私のラマレラでの七年にわたる取材で、常に村の情報を教えてくれ、インタビューの通訳も手伝ってくれた。彼の助けがなければ取材の成功も有り得なかっただろう。そして何より私の大事な友人だった。実はベンが亡くなったという事実だけは、今回ラマレラへ来る途中、人伝てに聞いていた。しかしどんな経緯で亡くなったかは分からなかった。ウディスの口から、ベンが生まれ育ち、そして愛して止まなかったラマレラの地で息を引き取ったと聞いて私は少し救われた思いがした。ラマレラという独特な土地は、いわゆる一般の人々が故郷の地という以上にラマレラ人《びと》にとって特別な存在だから。私は改築されたロスメンのテラスから浜を見渡しながら、ベンの面影を追想した。いつも笑顔を絶やさず、明るい男だった。ロスメンを経営するだけあり、なかなかの商売人だったので、「二一世紀になったら、ベンのインターコンチネンタル・ホテルがラマレラに建つかもな」なんて冗談を言っていたのが今となってはむなしい。享年五二、寿命の短いラマレラとは言え、早過ぎる死だ。

しかしウディスの涙はベンのことだけではなかった。さらに追い打ちをかけるような悲劇が起こっていた。長男のイノまでが海で命を落としたというのだ。初めてラマレラを訪れたころ、五歳だったイノは、その愛くるしい笑顔と明るい性格で、宿のマスコット的存在だった。ラマレラの歌を唄ってくれたり、日本の話をしてあげたり、一緒に船に乗ったりなど思い出は尽きない。将来、ベンと同じように学校の先生になりたいとも言っていた。そのイノが死んだ。驚いた私は、しばらく声も出なかった。それにしても漁師でもないイノがどうして海で命を落としたのか。イノの話を始めると泣き崩れたウディスは、やがて気を取り直すと、詳細を教えてくれた。

二年前、友人たちとエンジンボートで海に出たイノは、イルカを銛で突いたという。銛は命中し、銛綱を引き込みながらイルカは海中へ潜った。その時悲劇が起こった。細い銛綱が足に絡まり、海中へ一緒に引き込まれた。イノの姿が見えないことに気づいた仲間があわてて銛綱を放し、海中にいるイノを引き上げた時にはもう虫の息だった。イノを乗せたボートは、村人の判断でそのままララントゥカへ向かったが、病院へ着くとすぐ息を引き取ったという。

ベン・エバン家を襲った相次ぐ悲劇に私は言葉を失った。悲しみに暮れるウディスの肩に手を置いて慰めるのがやっとだった。イノの死は耐え難いものだったが、同時に漁師でもないイノがジョンソンで銛打ち漁をしていたと分かり、ラマレラの銛打ち漁の仕組みが微妙に変化していることを知った。

ウディスが落ち着くと、私はイノの成長したころの写真を見せてくれるように頼んだ。記憶にあるのは幼いころのイノばかりで青年になった姿を知らない。それを聞くとウディスは笑顔になり、大人になったイノの写真を見せてくれた。写真で見るイノは凜々しい青年だった。ベンの面影もある。「とてもハンサムだね」と言うと、ウディスがうれしそうに笑った。イノを失ってからの二年の月日は、ウディスにとって悲しみを癒すものではなかったが、母親が息子の思い出に浸る心の余裕はもたらしていた。私はウディスとともに眼下の青く穏やかな海を眺めながら、海のもたらす恵みと厳しさをあらためて思った。

ベンの家を再び出ると、会合を終えたマトロスたちが私に気づき、その場でトゥアクでの酒盛りが始まった。

「しばらく来ないから、死んだかと思ったよ」

と真顔で言うラマファア。

「お前も歳をとったなあ」

と自分だって白いものが混じった髭を撫でているくせに、私の顔をまじまじと見て笑っている男もいる。久しぶりに郷里に帰ったような不思議な気分だ。こんなことを言う男もいた。

「ラマレラの民は一度会った人のことは死ぬまで忘れない」

その言葉にはちょっと心を打たれた。ラマレラの村社会というのはとても濃密で、一度そこに関わると、確かに人々は死ぬまで忘れないだろう。

会合には懐かしい顔ぶれもあれば、見たことのない若者もおり、その手には携帯電話が握られていた。シンプルな生活の極限とも思われたラマレラの暮らしもいろいろ変化が起こっているようだ。

私が持参したラマレラの写真集を見せると、皆、食い入るように見入った。村人たちの関心は、写真の出来映えよりも誰が写っているか、とりわけ自分が写っているかどうかだ。「おお、アローウィスだ」「ババ・サンガだ」「ババ・ジョーもいる」「アタモランのブリドーだ」と賑やかだ。「どうして俺の写真がないのだ」とのクレームも当然来る。そんな話をしながら、ブリドーやジョーの近況を聞くと、「スダ、マテ（すでに亡くなった）」と言う。他にも多数の老漁師が亡くなっていることを知り、その多さに驚いた。

たかが一三年の間になぜそんなに大勢の人が死ぬのか、考えてみれば医師が常駐する病院もなく、健康診断があるはずもないラマレラでは、病による老人の死亡率がとても高い。若者たちの間で携帯電話がブームになる時代でも命の要となる医療が行き届かない。もし重い病に罹《かか》れば、今でもラマレラではそれが天命ということなのだろう。

私はこれまでと同じようにベンの家に滞在した。ベンの家は高台から望む小さな庭をコンクリート製のテラスに改築した以外は昔のままだった。そこから一望する船小屋の並ぶ浜や村の様子も変わらない。テラスからは水平線まで海が見渡せ、夜になると美しい月の出も見ることができた。月光を反射した海面の輝きと椰子の木のシルエットを眺めるのは、ラマレラに滞在する私の楽しみのひとつだ。

しかし変化もあった。夜になると闇に沈んでいたラマレラの家々には、蛍光灯が灯されていた。そして虫の声と木々のざわめき、波音しか聞こえなかった夜のしじまは、テレビやラジオ、どこかで行なわれている宴の音楽で破られていた。夜六時から一二時間、時間制限があるとは言えインドネシアの離島の村、ラマレラにも電気が来る時代になったのだ。それでも滞在中、何度も停電に見舞われ、その都度、お手伝いに来ているウディスの妹シスカが、昔ながらの鯨油ランプに火を灯していた。シスカによると停電はしょっちゅうで、電気が通った今でも各家庭で鯨油を切らすことはないという。鯨油は料理用油や薬としても重宝されており、今でも山の民との重要な交換物だ。ちなみに通常の食用油がビール瓶一本で一万ルピア（約一〇〇円）、鯨油はその倍の二万ルピアで取引されている。

村に滞在を始めてからしばらくして、七キロ離れたウランドニ村の土曜市へ行ってみた。ここへはもう徒歩ではなく、ベモ（乗り合いバス）で行けるようになっていた。以前は大きな木の周りにサロンを敷いた女性たちが座っていただけだったのが、今は、屋根付きのTシャツのショップも出現していた。それでも大木の周りだけは昔通りで、笛の音とともに始まる市では、山の民がトウモロコシや、バナナ、アボカド、キンマの実などをサロンやお皿の上に広げ、ラマレラから来た海の民の女性たちが鯨肉をはじめ、魚類をお盆に入れてその周りを回る。お金が介在することもあるが物々交換は健在で、干した鯨肉の小片がバナナ一二本というレートは昔通りだった。

鯨漁の縁の下の力持ちと言われる女の仕事、プネタンも変わっていた。早朝、マンタの肉を籠いっぱい頭に載せて出かけたシスカが、夕方には宿に戻っているのを見て驚いた。かつて女たちが何日もかけて村々を歩き、何十キロもある鯨や魚の肉を売り歩いていたのが嘘のようだ。今やその何倍もの量をベモで運ぶことができ、朝早い便に乗って午後四時には家に帰ってくることができるようになっていた。シスカをはじめ女たちは重労働から解放されて喜んでいた。

そうしたさまざまな変化は旅人の身勝手な視点から見ればちょっと寂しい気もするが、ラマレラの人々の暮らしが良くなるのは喜ばしいことだ。もちろん私は素直に喜んだ。しかし、得るものがあれば失うものもある。私の心配はそこにあった。

ラマレラでは、レファを前にして伝統儀礼のひとつ、トプ・ナマ・ファタが行なわれていた。これは、ラマレラのA地区とB地区のマトロスたちが集い、漁期を前にして、さまざまな話し合いを持つ場である。鯨乞いの儀式を終えた山の民、ランゴウジジョ族の長の姿が例年ならそこにあるはずだった。しかし土地の主であるトゥアン・タナの姿がなぜか、そこにはなかった。

そのことに気づいた時、やはりラマレラで大事な何かが変わってきている、と感ぜずにはいられなかった。

海辺での会合も、いつもは粛々として進むのだが、今回は途中から、激しい口論が始まる。このような光景はかつて見たことがない。口論の原因はふたつあった。ひとつは、スイスに本部を置くＷＷＦが進めているプロジェクトだ。ＷＷＦというのは、世界自然保護基金（World Wide Fund for Nature）のことだ。世界最大の自然環境保護団体のＮＧＯであり、グリーンピースなどと並ぶ反捕鯨団体だ。ＷＷＦから派遣された二人のイギリス人は二〇〇八年に初めてラマレラを訪れ、フォト・ボイスというプロジェクトで村人たちに五〇ものコンパクトカメラを与えるとともに、漁獲物の克明な記録を依頼する。カメラの扱い方を教えるために、トレーニングも施した。さらに、これまで鯨やマンタなどの銛打ち漁に頼っていた村に網漁を浸透させるため、魚網の提供を申し出た。

もうひとつは、グリーンピースなどの支援を受ける国際的反捕鯨団体ＷＤＣＳ、クジラ・イルカ保護協会（Whale and Dolphin Conservation Society）の活動だ。こちらは、鯨漁の代わりにホエール・ウォッチングをプロモートするべく、ラマレラでホエール・ウォッチングのワークショップを開いた。さらに船外機と漁網の提供を申し出た。

彼らの説得方法は、鯨漁よりも鯨を利用した観光業の方が経済効果が高いことを訴えるものだ。しかもＷＤＣＳのプランによると、鯨漁とホエール・ウォッチングを最初は共存させるという。

今回の会合では、こうしたプロジェクトを受け入れるか、否かが重要な問題だった。意外なことに年配のマトロスたちの中に、援助してくれるというのなら申し出を受け入れてもいいのではないか、という意見が出る。しかし若者たちは強く反発した。ＷＷＦの本当の狙いは、村から鯨漁を続ける機会を奪うことにある、というのが彼らの主張だ。双方が摑み合いになりそうなところまで議論はヒートアップし、危険なため途中解散という散々な結果に終わった。

やがて五月になり、海辺のミサが行なわれ鯨の漁期が始まった。久しぶりにプレダンに乗れる。私の胸は期待にふくらんだ。しかし、浜辺で出漁の準備が始まると、プレダン、バカテナの後部には、ヤマハの船外機が装着されようとしていた。尋ねると、今やラマレラのプレダンすべてに船外機が装備されているという。砂浜に並べられたコロの上を滑らせながら、海までプレダンを押すのは昔ながらだが、椰子の葉で編んだ帆が風を孕んではためく音の代わりにエンジン音が響き渡った。帆掛け船による人力と風力だけによる鯨漁はすでに過去のものになっていたのだ。バカテナのラマファによると、二〇〇〇年代初めに船外機を積むプレダンが現れ始めた。一番銛を入れた船が鯨漁の権利をとるため、エンジンなしの船は競争に勝てず、その後他のプレダンも追随する。最後に残ったバカテナも今年（二〇一〇年）エンジンを購入、ついに船外機なしのプレダンはなくなったという。ちなみにプレダンの形状は昔のままで、変わったと言っても船外機をプレダンの船尾に装着しているだけだ。風がある時には帆走するので、遠目には船外機を装着していても分からないほどだ。

そして鯨を発見し、エンジンの動力を使って鯨に接近すると、船外機を外し、鯨漁に参加しない小型のジョンソンに積みかえる。そうしないと、もし鯨を突いた時に船が転覆すると、大事なエンジンを失うかもしれないし、鯨がエンジンめがけて攻撃してくる危険もあるという。エンジンを外した後は昔通り手漕ぎで鯨に迫り、手銛で突く伝統捕鯨の手法はそのままだ。船外機の導入は、プレダンにとって切り離し可能なロケットのような役割を果たしていると思えば分かりやすいかもしれない。

私は滞在中、バカテナとプロソ・サパンに同乗した。サメやマンタ漁に成功したが、二週間という短い取材期間に鯨が出ることはなかった。それは仕方がないことなのだが、気になることがあった。漁期であるレファの始まりだというのに、出漁するプレダンの数が異常に少なかったのだ。特に初日はプロソ・サパン一艘だけ。レファの幕開けは最も多くのプレダンが出漁する時期なのに。他の船も準備をしていたが、マトロスの数が最低必要な八人に満たなかったようだ。だが、海上には三艘の大型ジョンソンが走り回っており、それぞれ、八人以上の乗組員がいた。若者たちが効率の悪いプレダンよりも、てっとり早く確実にマンタやサメを突けるジョンソンを選び始めたのも、プレダンの出漁数が減った原因かもしれない。

実際に沖合の漁でも、プレダンがエンジンを回してマンタを追いかけているのにもかかわらず、小回りの利くジョンソンに獲物をさらわれる局面があった。ラマレラの状況はここ数年のうちに大きく変化してしまったようだ。

海の死者を弔うミサ

ラマレラでは二〇〇〇年から海で亡くなった人々を追悼するミサ・アロワが行なわれるようになった。私の滞在中に、ちょうどそのミサが行なわれていた。浜にはおよそ二〇〇〇人の村人すべてが集まり、夜、キャンドルに火を灯すと海に流す。

一九一七年以降に海で亡くなった人々の数は三六人、その家族たちだけは海にキャンドルを流さず浜から死者を見送った。イノを海で失ったイブ・ウディスの姿もその中にあった。近代化が進んでも危険な漁での犠牲者が絶えることはない。皆が厳かに海に向かって祈る姿を眼にすると、ラマレラの民の心は、やはりひとつなのだ、とあらためて感じられた。

鯨漁存続の岐路に立つ鯨の村、ラマレラ。これまで村人は鯨漁により固い絆《きずな》で結ばれていた。男は海へ鯨を捕りに出て、女はその鯨を山の民と交換して生活の糧とする。子どもたちは鯨捕りになるのを夢見、プレダン造りを通して氏族はまとまり、老人たちの福祉まで行き届いていた。今思えば、そのような完璧《かんぺき》なシステムが成り立っていたことそれ自体が小さな奇跡だったのかもしれない。

ラマレラの鯨漁は果たしてこれからどうなるのか。これまで幾度となく世界中で繰り返されてきた歴史のヒトコマと同じくグローバリズムと近代化の影響で滅びるのか、元村長のテオの言うように、環境団体の圧力に翻弄《ほんろう》され屈するのか、あるいは、ラマレラ独自の運命を歩むのか。

夜の海、一面に輝く無数の灯り。死者を送る灯火は、消え去ろうとする鯨人の鎮魂の灯のようにも見える。瞼を閉じれば、鯨に跳びかかるあの時のラマファの勇姿が蘇る。海の中で必死に抵抗する鯨の眼とともに。この一三年、何度となく回想した光景だ。

海一面に煌《きら》めいていた灯は次々と夜の波間に消えていく。まるで無数の人魂のような灯火をいつまでも眺めながら、誇り高き鯨人の、その行く末を憂えずにはいられなかった。

あとがき

ラマレラ村の鯨漁撮影には、実に七年もの歳月がかかった。私自身、まさか最初の鯨漁撮影まで四年もかかるとは思わなかった。振り返れば三〇代のほとんどをそのために費やしたと言ってもいい。最初に下見に訪れたのが九一年、本文では冗長になるので、その部分は割愛した。本格的に撮影に入ったのが九二年なのだが、実は村に到着する三日前に鯨が捕れている。逃したのは途中経路の飛行機が遅れたせいでもあり、当時は歯がゆい思いがした。しかし、今思えば、あの時遅れてよかったのではないかと思う。もし簡単に撮影に成功していれば、ラマレラとあれほど長く付き合うこともなかっただろう。鯨漁の写真集『海人』(新潮社)は、日本のみならず海外でも高い評価を受け、その写真は「ライフ」をはじめ世界の主要雑誌のグラビアを飾った。それは写真家としてとても喜ばしいことだが、今思えばそれも副産物に過ぎない。

何よりも、ラマレラで鯨人たちと過ごした濃密な七年間は自分の人生にとって宝物のようなものになったからだ。ベンやサンガ、ゴリス・プアンらをはじめとしたラマレラの人々との交流は言うまでもない。そして鯨と闘う姿を通して人間とはこんなに勇敢で、逞しく、忍耐強くなれるのだ、ということを教えてくれ、村の仕組みや暮らしを通して、自然の前では個人はこんなにつましく、助け合っていかなければ生きていけない小さな存在だと彼らが身をもって示してくれた。そんなラマレラだが、エピローグにも記したように、ここ数年、大きな変化が起ころうとしている。

ラマレラを再訪した際、私の友人であり、元村長のテオはこう言った。

「ラマレラの鯨社会はあと二年もすれば崩壊してしまうだろう」

レファに先立つ、トプ・ナマ・ファタで、村人たちの間で諍いが始まったことはエピローグに書いた。テオによると、二〇〇九年にはWWFから派遣されたインドネシア人が村を訪れようとした。しかし車から降り立った職員に反対派の急先鋒《きゅうせんぽう》にいる若者の一人、ラファエルを中心とした若者たちがナイフを手に立ちはだかる。

「もし村に来るのなら殺す」

やむなくWWFの職員は立ち去ったという。

鯨で成り立っている村、ラマレラの危機感は強い。実は、スラウィシ島のマナドで開かれた世界海洋会議（World Ocean Conference）でもインドネシアの海洋資源の保護が議題になった。ダイナマイトを使ったり、毒を流すような漁や珊瑚礁などの海洋資源そのものを直接破壊する漁法を取り締まるのが主な目的だった。そしてインドネシアの漁業省は、レオレバからラマレラへ職員を派遣する。しかしラマレラの人々はこの海洋会議に鯨漁の禁止が盛り込まれていると思い込み、やはり追い返してしまう。

反WWFの急先鋒であるラファエルは、「WWFも実はホエール・ウォッチングを推進しようとしているんだ。あれはWhale Watching Foundationだ」と吐き捨てるように言った。

二〇一〇年のトプ・ナマ・ファタにトゥアン・タナの姿がなかったのは、こうした争いごとに嫌気が差したからだとテオは言う。ここ数年、お金や援助のことばかりが話題になり、トゥアン・タナも呆れたのではと。これまで何百年にわたり、ラマレラの先住民であり、鯨乞いの儀式を司ったトゥアン・タナを通じた海の民と山の民の伝統的なつながりがこのことを境に切れてしまったとしたら、それはとても残念なことだ。

調べてみると、鯨漁の形態についてもさまざまな変化が起こっていた。二〇〇六年にはプレダンではなく、大型のジョンソンでクラルを突くということがあった。これまでのラマレラの漁では、クラルを捕るのはとても珍しいことだ。先祖がヒゲクジラに乗ってやってきた渡来伝説のこともある。物理的にもプレダンのスピードでは捕獲不能だったクラルが、エンジンボートの出現で、捕獲可能となったらしい。全長一五メートルのナガスクジラは三艘のジョンソンで攻撃され、二艘の大型ジョンソンで挟むようにして運んだという。ここまで大きなヒゲクジラを捕ったのはラマレラの歴史でも初めてだという。

もうひとつ私を驚かせたニュースがある。二〇〇八年に、日曜日に鯨漁を行なったという事実だった。敬虔なカトリックであるラマレラの村人は、日曜日には正装して教会で祈りを捧げることこそあれ、仕事をすることはない。もちろん鯨を捕ることもない。ラマレラの民が安息日に鯨を捕るなんて有り得ないと思い込んでいた。実際に私自身が鯨を待つ間も、そのため何度も臍《ほぞ》を嚙んできた。

話を聞くと、この年は不漁続きで村人も苦しんでいた。すると、日曜に鯨の大群が浜近くに押し寄せた。驚いた村人は、我慢できずに教会のロモ神父に頼み込む。神父は悩んだが、最終的に村人たちの願いを聞き入れ許可を出した。この時は一頭の鯨が捕らえられ、村人たちは大いに喜んだという。

しかし鯨が出ずに苦しんできたのは今に始まったことではない。どちらの出来事も、私にはラマレラの人々の鯨漁と信仰についての考え方に微妙な変化が起こっているように感じられた。

これからラマレラの鯨漁がどのように変わっていくのか。鯨組の心は受け継がれていくのだろうか。そもそも鯨漁そのものが存続していくのだろうか。

一三年ぶりの再訪の際、持参した写真集を見て、なじみの老ラマファがいみじくもこんなセリフを口にしてくれた。

「ボン、この本を今の若い者たちに見せてやってくれ。皆が心を合わせ、ひとつになって鯨を捕っていた旧き良き時代の姿を教えてやってくれ。これを見れば、若者たちも争いごとを止め、昔のわたしたちのような心を取り戻すことができるかもしれない」

その一言を耳にした時、変化の時代を生きる彼らの苦渋が実感として伝わってきた。同時に、大変だったがこの取材をやってきてよかったと心から思った。

自分の作品が何らかの形でラマレラ村に貢献できるとすれば、お世話になりっぱなしだった私にとってせめてもの恩返しになる。そしてこの拙著『鯨人』が同じ鯨人をルーツに持つ日本人の心に多少でも響くことができれば、長年にわたる私の取材も意味のあるものになる。

最後に一言。この本の出版に際し、熱く応援してくださった集英社の椛島良介氏、忍耐強く拙文に向き合い、形にしてくださった担当の伊藤直樹氏、本当にありがとうございました。

二〇一一年二月　　石川　梵

主要参考文献

石川梵『海人』新潮社、一九九七
小島曠太郎・江上幹幸『クジラと生きる　海の狩猟、山の交換』中公新書、一九九九
ＮＨＫ取材班ほか『海と川の狩人たち　人間は何を食べてきたか』日本放送出版協会、一九九二
尾本惠市ほか編『海のパラダイム』岩波書店、二〇〇〇
加藤秀弘『マッコウクジラの自然誌』平凡社、一九九五
柴達彦『クジラへの旅』葦書房、一九八九
須田慎太郎『鯨を捕る　鯨組の末裔たち』翔泳社、一九九五
鶴見良行『ナマコの眼』筑摩書房、一九九〇
門田修『海が見えるアジア』めこん、一九九六

R, H, Barnes, *Sea Hunters of Indonesia: Fishers and Weavers of Lamalera*, *Oxford University*, 1996
Roger Michael Johnson, *The Last Whale Hunters*, 1999

石川 梵（いしかわ ぼん）

一九六〇年生まれ。写真家。東京都町田市在住。ＡＦＰ通信社東京支局カメラマンを経て、フリーランス。辺境の民とその「祈り」の世界をライフワークに、これまで六〇カ国以上で撮影。「Life」をはじめ「Paris Match」「Geo」「月刊 PLAYBOY」「TRANSIT」など内外の主要誌で作品を発表。写真集『海人』（新潮社）で日本写真協会新人賞、講談社出版文化賞写真集などを受賞。ほか写真集『伊勢神宮 遷宮とその秘儀』（朝日新聞社）、フォトエッセイ集『時の海、人の大地』（魁星出版）などがある。

集英社新書〇五七八Ｎ

鯨《くじら》人《びと》

二〇一一年二月二二日 第一刷発行
二〇二一年八月一七日 第三刷発行

著者……石川《いしかわ》 梵《ぼん》
発行者……樋口尚也
発行所……株式会社集英社
東京都千代田区一ツ橋二-五-一〇 郵便番号一〇一-八〇五〇
電話 〇三-三二三〇-六三九一（編集部）
〇三-三二三〇-六〇八〇（読者係）
〇三-三二三〇-六三九三（販売部）書店専用

装幀……新井千佳子（ＭＯＴＨＥＲ）
印刷所……大日本印刷株式会社
製本所……加藤製本株式会社

定価はカバーに表示してあります。

ISBN 978-4-08-720578-7 C0239
Printed in Japan